Die Evolution biologischer Makrostrukturen

Die Evolution biologischer Makrostrukturen

Männchen der Frühen Adonislibelle (*Pyrrho-soma nymphula*). Die Männchen packen mit ihren Hinterleibszangen die Weibchen in der Kopf- oder Vorderbrustregion (Seite 148).

Georg Glaeser · Werner Nachtigall

Die Evolution biologischer Makrostrukturen

Ein Fotoshooting

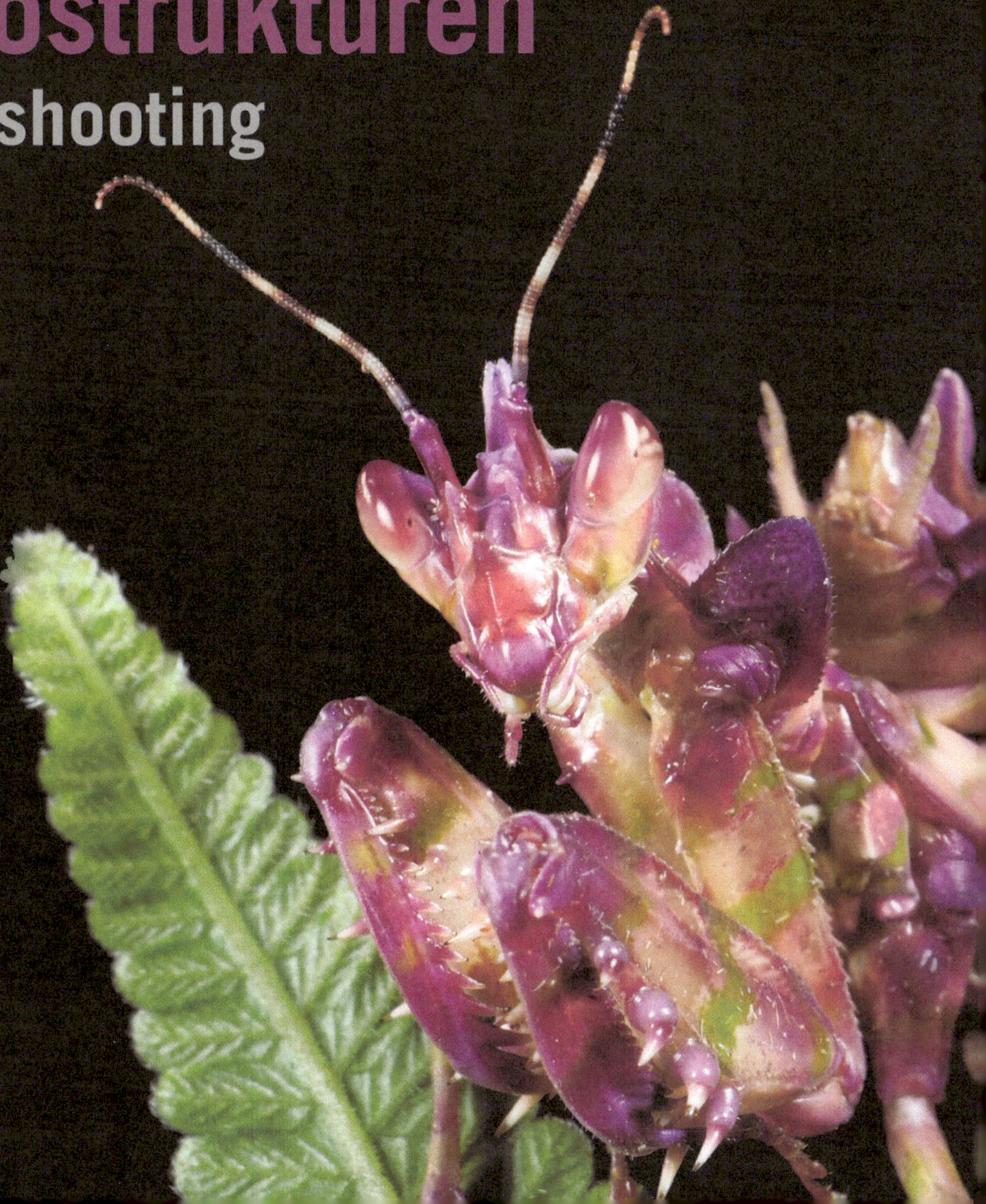

Georg Glaeser
Department of Geometry
University of Applied Arts Vienna
Vienna, Austria

Werner Nachtigall
Scheidt, Deutschland

ISBN 978-3-662-57825-4   ISBN 978-3-662-57826-1 (eBook)
https://doi.org/10.1007/978-3-662-57826-1

Die Deutsche Nationalbibliothek verzeichnet diese Publikation in der Deutschen Nationalbibliografie; detaillier-te bibliografische Daten sind im Internet über http://dnb.d-nb.de abrufbar.

Verantwortlich im Verlag: Stefanie Wolf
Coverfoto: Georg Glaeser

Gedruckt auf säurefreiem und chlorfrei gebleichtem Papier

Springer ist ein Imprint der eingetragenen Gesellschaft Springer-Verlag GmbH, DE und ist ein Teil von Springer Nature.
Die Anschrift der Gesellschaft ist: Heidelberger Platz 3, 14197 Berlin, Germany

Der Blick auf ein Tier oder eine Pflanze kann unterschiedlich sein

Viele Menschen lieben die Schönheit der Natur. Wer biologisch näher interessiert ist, schaut genauer hin, nimmt womöglich sein Fernglas oder eine Lupe. Eine „eigene Spezies" unter den Naturliebhabern ist der Naturfotograf: Er will das Gesehene nicht nur dokumentieren, sondern künstlerische Aspekte dazunehmen, ohne dass die wesentlichen biologischen Einzelheiten verloren gehen. Ziel ist ein aussagekräftiges *und* ästhetisch gestaltetes Foto.

Der „naiv freudvolle Blick" auf die Natur

brachte den Mathematiker Georg Glaeser und den Biologen Werner Nachtigall zusammen. Beide sind begeisterte Naturfotografen und kennen einander schon vom zweiten Band der „biologischen Foto-shootings", dem Buch über den Tierflug. Dabei wurde augenfällig, wie viele makroskopische, ja mikroskopische, Details hier hineinspielen – man denke nur an die Feinstruktur der Vogelfeder –, die aber bei der Darstellung von Flugvorgängen zunächst nicht näher berücksichtigt werden konnten.

Der Makrobereich – wenig bekannt, aber oft entscheidend

Für das vorliegende Buch haben sich die beiden Autoren nun genau diesen so unerhört vielseitigen Makrobereich vorgenommen, eine verborgene Welt, die nur wenige im Detail kennen, die aber genauso real ist wie unsere gängige Welt der großen Gestalten.

Vergleichen der unterschiedlichen Ausbildung von Organen

Das erste Hinschauen enthüllt erst einmal die Gestalt eines Tieres oder einer Pflanze. Die biologische Disziplin der Vergleichenden Morphologie befasst sich mit ihrer Beschreibung. Das erste Buch dieser Serie (Glaeser/Paulus: *Die Evolution des Auges*) zeigt, wie faszinierend so ein Vergleich am Beispiel der unterschiedlichen Ausbildung von Sehorganen sein kann.

Analysen von Geschwindigkeiten und Beschleunigungen

Tiere und in Teilen auch Pflanzen bewegen sich fort, teils mit hohen Geschwindigkeiten und gelegentlich mit unglaublichen Beschleunigungen. Das ist ein Feld für die Hochgeschwindigkeitsfotografie. Im Buch *Die Evolution des Fliegens* haben Glaeser, Paulus und Nachtigall versucht, dem Leser und Betrachter am Beispiel des Flugs etwas von der Faszination der Bewegung zu vermitteln. Teleobjektiv und Serienkamera waren die Hilfsmittel.

Makrostrukturen unter der Lupe der Technischen Biologie

Makrostrukturen sind in den Biowissenschaften Strukturen jedweder Art, die mehrere Millimeter oder ganz wenige Zentimeter groß sind und an denen eine Funktion erkennbar ist. Für das genaue Betrachten der Makrostrukturen braucht man eine Lupe, manchmal auch die schwache Vergrößerung eines Mikroskops. Gerade die Strukturen auf der Oberfläche von Lebewesen enthüllen sich damit in verwirrender und zugleich faszinierender Vielzahl.

Wir haben versucht, eine typische Auswahl davon unter dem Aspekt der Technischen Biologie zu beschreiben und dem Betrachter fotografisch näher zu bringen. Dabei kommen die Makro- und die Mikrokamera zum Tragen.

Unter dem linken Auge des Einsiedlerkrebses (*Clibanarius misanthropus*) ist das paddelartige Beinglied (vgl. Seite 56) zu erkennen, mit dem verbrauchtes Atemwasser aus der Kiemenhöhle gepumpt wird.

Evolution und Makrostrukturen

Feinstrukturen sind genauso den Vorgängen der Evolution unterworfen, wobei diese Prozesse nicht selten an den Rand des physikalisch Möglichen führen. Dieser Aspekt soll in diesem Buch immer wieder angesprochen und diskutiert werden.

Die biologische Evolution wird gerne als „Höherentwicklung" dargestellt. Dabei verläuft sie nicht zielgerichtet, und ist schon gar nicht auf ein höheres Ziel ausgerichtet. Evolution bedeutet lediglich, dass ein betrachtetes System im Laufe der Generationen *andersartig* wird – in sehr kleinen Ausprägungen morphologischer, aber auch physiologischer und verhaltensphysiologischer Art.

Alles, was genetisch weitergegeben wird, kann variiert werden

Das kommt dadurch zustande, dass sich Erbeinheiten (Gene auf Chromosomen) zufällig ändern können (solche Mutationen können etwa durch natürliche Strahleneinwirkung erfolgen) und dann durch die Vorgänge der Rekombination bei der Fortpflanzung zufällig auf die Nachkommen verteilt werden. Man kann davon ausgehen, dass derartige kleine Änderungsvorgänge im Erbgut bei jedem Individuum unablässig ablaufen.

Kein Nachkomme ist vollständig identisch mit seinen Eltern

Die Änderungen sind im Allgemeinen so unscheinbar, dass man bei seinen Nachkommen beim bloßen Hinsehen nichts davon merkt. Jeder Nachkomme ist in jedem einzelnen Fall „etwas Anderes". Hat die geringfügige Änderung größere Fortpflanzungschancen zur Folge, spricht man von *evolutivem Erfolg*.

Im Grunde sind es also physikalische Parameter, die der Evolution Chancen geben, aber auch Grenzen setzen. Die Wichtigkeit der physikalischen Randbedingungen für Evolutionsvorgänge wird bisweilen unterschätzt.

Anregungen aus der Natur für die Technik

Viele Beispiele in diesem Buch gehören in den Bereich der Technischen Biologie. Diese versucht, das Sosein von biologischen Gegebenheiten unter Nutzung der Kenntnisse aus Technischer Physik und Technik zu erklären, jedenfalls besser verständlich zu machen als es ohne das Einbringen von Know-how aus diesen Disziplinen möglich wäre. Bei manchen Beispielen war das ganz offenkundig. So hätte man einen biologischen Roman darüber schreiben können, wie der Daumenfittich der Haustaube spezielle Flugmanöver ermöglicht; mit der physikalisch-technischen Abhängigkeit des Auftriebsbeiwerts vom Anstellwinkel ist dagegen eine kurze und bündige Beschreibung auf wenigen Zeilen möglich.

Bionik

Die umgekehrte Betrachtungsrichtung, die Bionik, ist in den letzten Jahrzehnten geradezu aufgeblüht. Die Natur hält eine unendliche Fülle von Anregungen bereit, die in die Technik hineinwirken können. Man muss allerdings die Übertragung auf angemessene Weise durchführen.

Von den in diesem Buch genannten Beispielen ist eine ganze Reihe schon bionisch umgesetzt worden. So etwa die Van-der-Waals-Haftung der Geckofüße (Seite 38) bei Klebebändern, die auch unter Wasser und auf öligen Oberflächen haften, das Daumenfittich-Federbüschelchen von Vögeln (Seite 101) in hochauftriebserzeugenden Vorflügeln bei Flugzeugen, der Bewegungsmechanismus in der Strelitzien-Blüte mit seinem Biegedrillmoment (Seite 152) bei sich selbstständig verstellenden Abschattungen für Fassaden.

Der Aufbau des Buchs

ist wieder nach dem bewährten „Doppelseitenprinzip" konzipiert: Im Normalfall ist eine Doppelseite einem bestimmten Thema gewidmet. Fotografien und/oder Skizzen erklären Sachverhalte, oft komplettiert durch eine mögliche Erklärung, wie sich die zugehörige Evolution abgespielt haben könnte. Der Vorteil des Doppelseitenprinzips ist, dass man das Buch nicht konsequent vom Anfang bis zum Ende durchlesen muss. Beginnt man willkürlich an irgendeiner Stelle, wird man beim zweiten Durchlesen natürlich auch die entsprechenden Querverweise nachschlagen.

Literaturzitate finden Sie in diesem Buch im Anhang. Obwohl wir uns textlich kurz gefasst haben, um die Bilder zur Wirkung bringen zu können, haben wir uns um Lesbarkeit bemüht. So haben wir Formeln und Massierungen von Zahlen vermieden und stattdessen auf geraffte Texte gesetzt. An mehreren Stellen sind auch Zeichnungen in einheitlichem Stil eingefügt. Diese hat Werner Nachtigall mit einem dicken Augenbrauenstift auf Runzelpapier gemacht, sodass automatisch Einzelpunkte entstehen. Diese Vorlagen wurden dann stark verkleinert. So ergeben sich Skizzen mit einem ganz eigenen graphischen Charakter.

Die Texte stammen großteils von Werner Nachtigall, die Fotos mehrheitlich von Georg Glaeser, der auf das Fotografieren von Lebewesen in freier Wildbahn spezialisiert ist. Allerdings wurde auch auf das reichhaltige Archiv von Werner Nachtigall zurückgegriffen, wo auch Tier- und Pflanzenpräparate im Detail festgehalten sind. Gelegentlich kommen sogar Elektronenmikroskop-Aufnahmen dazu, die natürlich ausschließlich von solchen Präparaten stammen. Fotos am lebenden Objekt hatten jedoch nach Möglichkeit Vorrang.

Dank

gebührt Hannes F. Paulus, dem Koautor der beiden ersten „Fotoshootings der Evolution", für seine kompetente Unterstützung bei der Artenbestimmung und so manchen Hinweis. Weiters danken wir für die Mitarbeit am Buch in alphabetischer Reihenfolge und ohne akademische Titel Daniel Abed-Navandi, Peter Calvache, Gudrun Maxam, Tamara Radak und Eugenie Maria Theuer. Frau Stefanie Wolf vom Springer Spektrum Verlag hat das Projekt sehr engagiert betreut.

Die Autoren wünschen ein genussvolles Lesen mit möglichst vielen „Aha-Erlebnissen"!

Inhalt

Kapitel 1: Form, Bewegung, Hebel
Einzelne Formteile durch Hebel bewegen   1

Was immer die Natur „konstruiert", sie muss es erst einmal „in Form" bringen. Formteile können eine schützende Funktion haben, doch sind sie selten wirklich starr. In Bewegung gebracht werden sie durch Muskelzug oder durch Änderungen des Innendrucks. Dabei spielt das Hebelprinzip eine Rolle, wobei sich etwa ungleicharmige Hebel finden, wenn es darum geht, einerseits weit schwingende Bewegungen zu erzeugen, andererseits große Kräfte zu übertragen.

Kapitel 2: Haften, Filtern, Bohren
Strukturen miteinander verkoppeln   37

Bauteile müssen mechanisch belastbar sein. Bestehen sie aus Einzelelementen, so ist dafür zu sorgen, dass diese gut aneinanderhaften. Oft müssen auch sehr unterschiedliche Strukturen miteinander verkoppelt werden, zum Beispiel ein Fliegenfuß und eine Blattoberfläche. Funktioniert die Verbindung zwischen Bauteilen, können auch komplizierte Strukturen aufgebaut werden, etwa Reusen und Bohrer. Diese sollen mit ihrem Material nun gerade keine Haftung eingehen. Auch Pollenhaftung im Haarkleid gehört in diese Kategorie.

Kapitel 3: Greifen, Dehnen, Falten
Nahrung greifen, verstauen, unterbringen 63

Bei der Fortbewegung und beim Nahrungserwerb spielt das Prinzip „Greifen" eine zentrale Rolle. Man denke an das Hangeln eines Orang-Utans im Zweiggewirr oder an das blitzartige Beutegreifen einer Gottesanbeterin. Aufgenommene Nahrung muss verstaut werden, wofür sich Behälter dehnen. Momentan nicht gebrauchte Strukturen müssen auch irgendwie untergebracht werden; oft werden sie dafür zusammengefaltet, wie etwa die häutigen Flügel von Käfern.

Kapitel 4: Signalisieren, schwimmen, fliegen, explodieren
Fluide sind im Prinzip gleichartig 83

Wenn sich Lebewesen bewegen, kann das auf dem Land geschehen, im Wasser oder in der Luft. Entsprechend unterschiedlich sind die Bewegungsorgane und damit auch ihre Makrostrukturen. Wasser und Luft sind, physikalisch betrachtet, Fluide und damit im Prinzip gleichartig. Somit ergeben sich auch für die Evolution gewisse gleichartige Randbedingungen, etwa die widerstandsmäßig optimierte Ausformung bewegter Körper, wie man sie beispielsweise bei Wasserkäfern sowie fliegenden und schwimmenden Vögeln findet.

Kapitel 5: Speichern, Baulichkeiten, Baustoffe
Zellulose, Chitin, Kalk als Baustoffe 111

Auch Tiere und Pflanzen „bauen Räume", in denen sie zum Beispiel Substanzen speichern. Da gibt es Leichtbauten und Hochbauten, aber auch schwere Erdbauten. Sie alle müssen stabil sein; manchmal ist große Zugfestigkeit gefragt. Als Baustoffe verwenden Pflanzen in der Regel Zellulose-Substanzen, Tiere Chitin oder kalkhaltige Konstruktionen, wie zum Beispiel Knochensubstanz bei Wirbeltieren oder Kalkskelette bei Korallen.

Kapitel 6: Packungen, Anlagen, Entfaltungen
Raumoptimiertes Stapeln 131

Als Verpackungen für empfindliche Strukturen, zum Beispiel für embryonale Anlagen, findet sich in der Natur eine Vielzahl von Elementen, gerade auch im Makrobereich. Flächenfüllungen und Raumpackungen – etwa bei Früchten und Samen – zeigen, wie die Natur raumoptimiert stapelt. Im Reifezustand müssen sich all diese Strukturen entfalten. Das kann durch Wachstumsvorgänge oder Druckerhöhung geschehen, auch durch Spannungsausgleich – siehe Blütenmechaniken.

Kapitel 7: Man entdeckt immer wieder Neues
Technische Biologie und Bionik   **145**

In den letzten Jahren hat die Erforschung des Makrokosmos mit all seinen unterschiedlichen Ausformungen und Anpassungen vielfältige Auswirkungen im Übergangsbereich von der Natur zur Technik gehabt. Die Natur unter strukturfunktionellen Aspekten zu erforschen, das ist Aufgabe der Technischen Biologie. Die Umsetzung der dadurch gewonnenen Erkenntnisse in die Technik besorgt die Bionik. In diesem letzten Abschnitt sind Beispiele für diese Problemkreise zusammengestellt.

G. Glaeser, W. Nachtigall, *Die Evolution biologischer Makrostrukturen*, https://doi.org/10.1007/978-3-662-57826-1_1

1 Form, Bewegung, Hebel

Einzelne Formteile durch Hebel bewegen

Was immer die Natur „konstruiert": Sie muss es erst einmal „in Form" bringen. Formteile können eine schützende Funktion haben, doch sind sie selten wirklich starr. In Bewegung gebracht werden sie durch Muskelzug oder durch Änderungen des Innendrucks. Dabei spielt das Hebelprinzip eine Rolle, wobei sich etwa ungleicharmige Hebel finden, wenn es darum geht, einerseits weit schwingende Bewegungen zu erzeugen, andererseits große Kräfte zu übertragen.

Formteile

Brustpanzer eines Laufkäfers

Dieser Panzer überdeckt die Brustregion, an deren Unterseite die drei Laufbeinpaare ansetzen. Er besteht – wie alle Insekten-Formteile – aus dem Werkstoff Chitin und ist aus mehreren embryonalen Anlagen zu einem in sich geschlossenen, stabilen Formstück verschmolzen. Dieses hat die Gestalt einer flachen Schale mit verstärkenden Randwülsten. An ihrer Innenfläche setzt eine Reihe von Muskeln an.

Solche Schalen sind auf Zug und Druck belastbar und beulungsstabil. Die Laufkäfer leben auf dem Boden, wühlen sich aber häufig auch in lockere Erde ein. Der Brustpanzer wirkt dabei zum einen wie eine Schaufel, bewahrt aber auch zum anderen die inneren Organe vor dem Druck der umgebenden Erdteilchen. Entsprechend hat ihn die Evolution massiver ausgebildet als bei nicht grabenden Formen, die sogar ans Wasser gehen können.

Kopf-Brust-Stück einer Spinne

Gliedertiere, zu denen die Insekten, Spinnen, Tausendfüßler und Krebse gehören, häuten sich in mehr oder
minder regelmäßigen Abständen; nur während der Häutung wachsen sie. Die unter der alten Chitinhülle neu
angelegte Außenschicht ist noch weich und dehnungs-
fähig und wird durch Erhöhung des Innendrucks etwas
„aufgeblasen". Erst dann härtet sie aus. Die Häutungs-
stücke (unten) spiegeln die Körperformen in allen Einzelheiten wider. Beispielsweise befinden sich am Kopf-
Brust-Stück einer Spinne die verstärkten und vertieften
Leisten, an denen Muskeln ansetzen, ferner scheinba-

re Löcher, die „Augen". In Wirklichkeit handelt es sich
aber um zarte Membranen aus durchscheinendem Chitin: Die Augenoberfläche wurde mitgehäutet. In ähnlicher Weise werden beispielsweise die schlauchartigen
Tracheenaussteifungen von Insekten mitgehäutet. An
Häuten von Libellenlarven sieht man sie heraushängen,
an weiße Reißleinen erinnernd. Der Baustoff Chitin dehnt
sich nach dem Aushärten nicht mehr. Wenn das Tier
während seiner Entwicklung wachsen will, muss es sich
also zwischendurch häuten: Nachdem die Evolution bei
einer Tiergruppe einmal auf den Baustoff Chitin gesetzt
hat, sind Häutungen vorprogrammiert.

Beweglich verbundene Garnelenpanzer

Jedes einzelne Segment ist für sich gepanzert, aber die einzelnen Stücke sind gelenkig verbunden. Das kann man beim Essen eines „Krabbencocktails" gut bemerken: Was man dafür einkauft, sind ja keine Krabben, sondern die hintere Hälfte mittelgroßer Garnelen. Dieser Hinterleib wird bei der Flucht in Sekundenbruchteilen fast bis zur Spirale gekrümmt, wodurch das Tier blitzschnell rückwärts springt, aber auch – insbesondere bei raschen Schwimmschlägen – blitzartig geradeaus gestreckt. Im Bild unten ist die Tanzgarnele *Cinetorhynchus rigens* zu sehen, die solche „tail flips" recht häufig vor den Augen des Fotografen ausgeführt hat, Allerdings dauern solche Bewegungen nur wenige Hunderstel Sekunden: Die Felsgarnele braucht für den Vorgang in der Bildserie links nur 1/100 Sekunde (es wurde mit 1000 Bildern pro Sekunde gefilmt)! Auf der nächsten Seite sieht man ein bemerkenswertes teilweises Übereinstimmen dieser Bewegung bei einem großen Meeressäuger. Der Dugong unduliert mit der Wirbelsäule bis zur der Schwanzflosse, die Garnelen führen tail flips aus bzw. paddeln mit metachronen Bewegungen der Hinterleibsanhänge.

Wie bei einer Ritterrüstung

Gelenkig verbundene Panzerstücke hat die Evolution bei Gliedertieren häufig herausgebildet. Sie sind entweder ineinander verfalzt oder durch mehr oder minder dünne Gelenkhäute verbunden. Wie bei einer Ritterrüstung schützen sie die einzelnen Körperteile, gewährleisten aber weitgehende Beweglichkeit. Sie vereinen also gegenläufige Anforderungen und bieten damit ein evolutives Spielfeld für Optimierungen.

Das Werkzeugset der Garnelen

Zur Felsgarnele *Palaemon elegans* rechts (siehe auch S. xii): Nahe der Mundöffnung sind zwei Scherenpaare zu erkennen. Die vorderen Scheren mit der blaugelben Bänderung sind kräftig, die hinteren durchsichtig und sehr zart. Mit diesem Werkzeugset kann das Tier mikroskopisch kleine Nahrung, die im Algenrasen lebt, ergreifen, aber auch den eigenen Körper von störendem Aufwuchs reinigen. An den kurzen Hinterleibsbeinen kleben bei reifen Weibchen befruchtete Eier. Diese Beine schlagen regelmäßig hin und her und fächeln damit den empfindlichen Embryos stetig frisches Wasser zu.

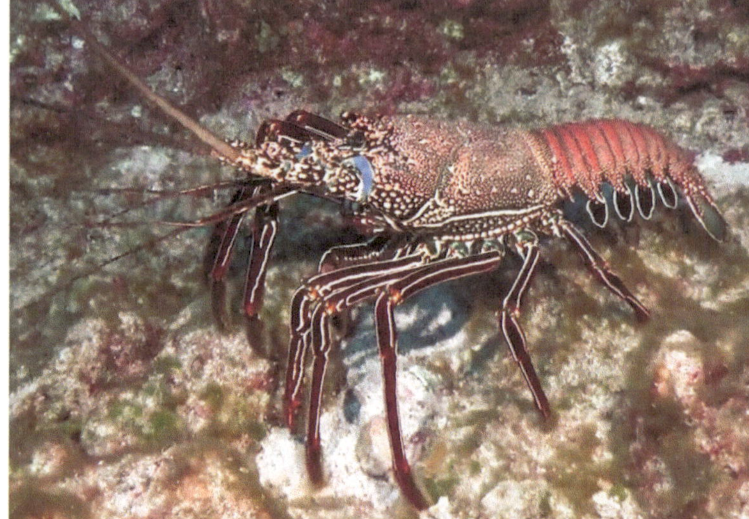

Beschleunigung beim Dugong

Der durchschnittlich 3 m lange Dugong vollführt eine teilweise vergleichbare Bewegung des Hinterleibs wie Garnelen und Lobster, um eine rasche Ortsänderung durchführen zu können: Auch dieses große Säugetier krümmt den Hinterleib fast bis zur Spirale, um ihn dann rasch geradeaus zu strecken. Wegen seiner Größe geschieht diese Bewegung um ein Vielfaches langsamer als bei den Garnelen.

Ungleicharmiger Hebel in der Salbeiblüte

Wenn unseren Wiesensalbei (*Salvia pratensis*) ein bestäubendes Insekt anfliegt, eine Biene oder eine Hummel, so senken sich die Staubblätter wie von Zauberhand und pudern die Oberseite des Tiers mit Blütenstaub ein. Sobald es nun zu einer älteren Blüte fliegt, an der die Fruchtblätter weit ausgewachsen sind und der Stempel mit der Narbe nach unten hängt, überträgt es den Pollen auf die Narbe und vollführt damit die Bestäubung.

Die Kippmechanik der Staubblätter funktioniert folgendermaßen: An einer Stelle sind die Blätter an einem zarten, verdrillbaren Auswuchs aufgehängt. Nach unten verbreitern sie sich in eine kräftige Platte, nach oben ziehen sie sich in den langen Staubfaden aus, an dessen Ende die Staubbeutel sitzen.

Stochert das Insekt nun mit seinem Rüssel in der dünnen Blütenröhre herum, so muss es sich erst den Weg freischaffen, das heißt die breite, untere Platte der Hebelmechanik nach hinten-oben drücken. Damit senkt sich automatisch der Staubbeutel nach vorne-unten. Da die Übersetzung groß ist, also ein sehr ungleicharmiger Hebel vorliegt, genügen schon kleine Bewegungen an der Platte, um den Staubbeutel auf großer Bahn schwenken zu lassen.

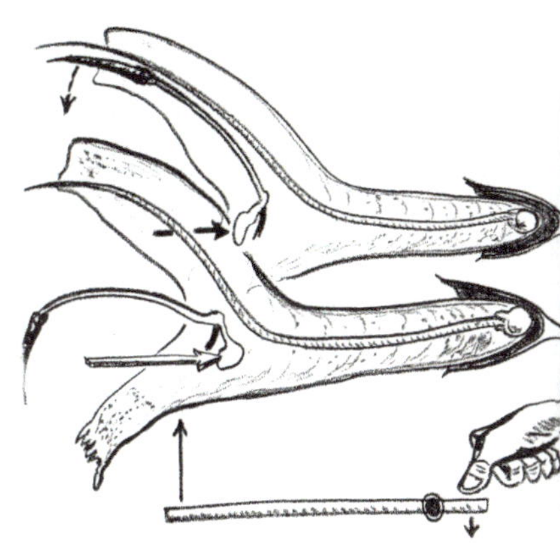

Spiralrollung

Eingerollter Doppelfüßer

Die Doppelfüßer (Diplopoda) sind eine sehr alte Klasse. Es gibt sie schon seit dem Karbon, und heute umfassen sie immer noch 7200 Arten. Da sie viele Segmente besitzen, werden sie umgangssprachlich gerne zusammen mit den Hundertfüßern als „Tausendfüßer im weiteren Sinne" zusammengefasst. Ihre Segmente sind aber im Querschnitt zumeist rund, nicht abgeflacht. Eine Gruppe mit der hier abgebildeten Gattung *Julus* heißt denn auch „Schnurfüßer". Jedes Segment trägt zwei Paare von „Füßen" (Beinen) kurz hintereinander, was ungewöhnlich ist; andere Gruppen von Gliederfüßern tragen stets nur ein Paar pro Segment. Des Rätsels Lösung: Bei den äußerlich sichtbaren Segmenten der Doppelfüßer handelt es sich um „Doppelsegmente", die aus je zwei ursprünglichen Segmenten verschmolzen sind. In einem solchen Doppelsegment sind auch alle inneren Organe doppelt angelegt. Beim genauen Hinschauen sieht man noch eine feine Verschmelzungslinie, etwa am unteren Bild an den Glanzlichtern. Bei Gefahr rollen sich Doppelfüßer ein, sodass die Beine zwischen den Windungen eingelegt und damit geschützt sind. Das gelingt aber nicht immer vollständig, wie die obere Abbildung zeigt.

Eingerollter Schmetterlingsrüssel

Der Rüssel eines Schmetterlings besteht im Prinzip aus zwei halbmondförmigen, hohlen Chitinröhren, die an den Berührungsstrecken mit technisch-biologisch interessanten Nut-Feder-Verbindungen „ineinandergesteckt" sind. Durch den inneren Hohlraum wird der Blütennektar, von dem sich die meisten Schmetterlinge ernähren, hochgepumpt. Im Inneren der beiden Halbröhren liegen neben zwei Trennwänden, Tracheenröhren und Nerven sowie kleineren Muskeln (die alle in der Zeichnung nicht dargestellt sind) eine Reihe größerer, schräg verlaufender Muskeln. Normalerweise ist der Rüssel eingerollt und kann auf diese Weise leicht verstaut werden.

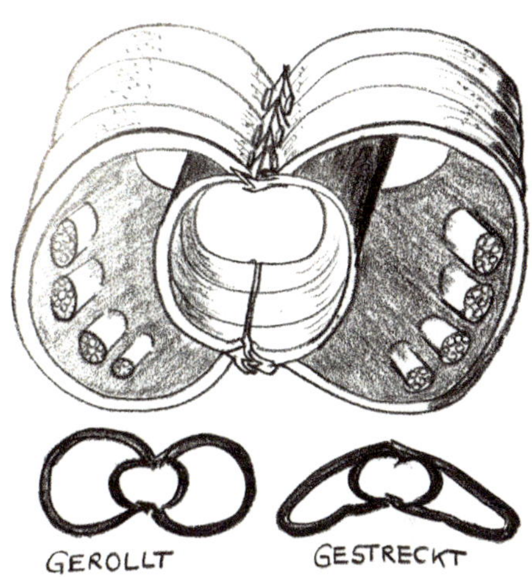

Manche tropischen Schmetterlinge haben bis zu 20 cm lange Rüssel – man kann sich leicht vorstellen, dass diese im gestreckten Zustand sehr gefährdet sind abzubrechen. Wenn der Rüssel gestreckt werden soll, ziehen sich die schräg verlaufenden Hauptmuskeln zusammen. Sie flachen damit die beiden halbmondförmigen Röhren ein wenig ab, und als Folge davon rollt sich der Rüssel ab. Man kann das leicht demonstrieren, indem man ein längliches Papierblatt einrollt, dann an einem Ende mit beiden Händen fasst und die äußeren Randkanten gegeneinander biegt. Das Blatt wird sich dann strecken. Macht man die Zwangsverbiegung rückgängig, so rollt sich das Blatt wieder ein. In gleicher Weise rollt sich der Schmetterlingsrüssel auf Grund seiner Eigenelastizität zur Spirale zurück, wenn die Hauptmuskeln erschlaffen. Zu diesem Hauptmechanismus kommen noch weitere, untergeordnete Effekte.

Schutz durch Abkugeln

Abkugeln der Rollassel

Die zu den höheren Krebsen gehörenden Asseln haben echte Landformen entwickelt, die Luftatmer sind. Dazu gehören beispielsweise die Rollasseln, die Familie der Armadillidiidae. Wenn sich eine Rollassel – bei uns kommt häufig die Art *Armadillidium vulgare* vor – zu einem erbsengroßen Kügelchen zusammengerollt hat, ist sie tatsächlich kaum angreifbar, da der harte Panzer ringsherum nahtlos schließt. Vorder- und Hinterende sind so gestaltet, dass sie fugenlos ineinanderpassen. Es gibt auch Meeresasseln, die sich zur Kugel rollen können, die Sphaeromidae. Außerdem leben bei uns kleine Tausendfüßler, die die gleiche Eigenschaft aufweisen und leicht mit den Rollasseln zu verwechseln sind, die Rolltausendfüßler mit der Hauptgattung *Glomeris*. Sie gehören, wie der oben genannte spiralrollende *Julus*, zu den Doppelfüßern. Die Abbildung zeigt eine eingerollte Rollassel *Armadillidium vulgare* in drei Ansichten. In einem Fall ist der Schluss schon ein wenig gelockert, was man insbesondere an dem Spalt in der Seitenansicht erkennen kann. Auffallend ist, dass das Tier keine Antennen zu tragen scheint. Tatsächlich aber sind diese in dem Spalt zwischen Kopf-Brust-Stück und Hinterende des Hinterleibs eingelegt, wo sie absolut sicher sind. Das erbsengroße Panzerkügelchen ist mechanisch kaum zu knacken. Es rollt leicht in eine Erdspalte und verschwindet vor dem Angreifer. Auf S. 10 ist ein Angriffsversuch auf einen Saftkugler, der der Rollassel ähnlich sieht, festgehalten.

Abkugeln bei Gürteltieren

Das Schutzprinzip „Sicherheit durch Abkugeln" hat sich in der belebten Welt nicht nur einmal entwickelt, also nicht nur bei den auf der gegenüberliegenden Seite genannten Asseln. Auch die Gürteltiere haben es in teils erstaunlich ausgeprägter Weise entwickelt. Gürteltiere (Dasypodidae) leben von Argentinien bis in den Süden der Vereinigten Staaten. Es gibt mehrere Arten, die unterschiedlich groß werden können. Die Skala reicht vom 1,5 m großen Riesengürteltier (*Priodontes maximus*), das bis zu 55 kg auf die Waage bringt, bis zur nur 15 cm langen „Gürtelmaus" der Gattung *Chlamyphorus*. Sie alle können sich bei Gefahr einrollen. Dazu verhilft ihnen eine Reihe von „Gürteln" aus Knochenplättchen, die als Hautknochen von der Lederhaut gebildet werden – einzigartig unter den Wirbeltieren – und von einer Hornschicht überzogen sind. Diese Gürtel oder Binden sind mit Hautmembranen verbunden, hängen an den Seiten herab und bilden so einen effektiven Panzer, der das Einrollen ermöglicht. Die unbestrittenen Abkugelungsmeister sind die Kugelgürteltiere der Gattung *Tolypeutes*. Sie können sich zu einer formvollendeten, knapp fußballgroßen Kugel zusammenrollten und ihr Panzer ist so ausgespart, dass Kopf und Schwanz nebeneinanderliegend die Aussparung vollständig ausfüllen.

Konvergente Entwicklung

Diese sind ebenfalls gepanzert, und die bei jedem Bissversuch eines Fressfeindes davonrollende Kugel ist praktisch nicht zu knacken. Neben den Gürteltieren können sich auch die seltsamen Schuppen- oder Tannenzapfentiere (Pholidota) bei Gefahr einrollen, wenn auch nicht kugelig sondern spiralförmig, im Prinzip ähnlich den Rolltausendfüßern. Ihr Schutzmechanismus funktioniert auch ganz gut, wenn auch nicht so perfekt wie bei den Gürteltieren. Die Evolution hat also bei ganz unterschiedlichen Tiergruppen zu ähnlichen Schutzmechanismen geführt. Man spricht von konvergenter Entwicklung.

Ameisen in Interaktion

Oben: Eine Ameise greift einen Saftkugler (Ordnung Glomerida) an, der einer Rollassel ähnlich sieht, aber zur Gruppe der Tausendfüßler gehört. Dieser produziert ein hochgiftiges Abwehrsekret mit einer Cyan-Verbindung. Selbst wenn die Ameise Erfolg haben sollte, läuft sie Gefahr, am Gift zugrunde zu gehen.

Unten: Ameisen züchten Blattläuse. Sie haben es auf deren süße Nektar-Ausscheidungen abgesehen. Dazu transportieren sie sogar die Larven der Läuse an die weichen Blattspitzen.

Marienkäfer, erfolgreiche Blattlausjäger, bekommen es immer wieder mit Ameisen zu tun. Wie man sieht, sind sie aber durchaus wehrhaft. Zur Abwehr vor großen Fressfeinden produzieren Marienkäfer ebenfalls hochgiftige Sekrete. Ihre auffällige Färbung soll z. B. für Vögel ein Warnsignal sein.

Unten: Ameisen jagen und transportieren im Team. Deswegen können sie Beute erlegen, die deutlich größer und stärker ist als sie selbst.

Versteifung durch Innendruck

Formstabile Made

Es gibt mehrere „madenförmige" Gestalten in der Insektenwelt, beispielsweise die Larven der Fliegen und mancher Rüsselkäfer. Freilich sind sie im Einzelnen differenzierbar, aber auf den ersten Blick sehen sie äußerlich ähnlich aus: ein länglicher Sack ohne Extremitäten und freie Mundwerkzeuge. Die Fliegenmaden tragen am Vorderende einen durch die zarte Haut schimmernden, dunklen Hakenapparat, der zum Fressen und Fortbewegen benutzt wird. Sonst stehen zur Lokomotion nur Querwülste zur Verfügung. Am Hinterleibsende befinden sich zwei Atemöffnungen – dort also, wo die Made am ehesten noch aus ihrem Nahrungsbrei in die freie Luft ragt.

Solche Maden, aber auch Würmer und viele andere weichhäutige Tiere, erhalten ihre Formgestalt durch hohen Innendruck. Sie besitzen Muskeln und Septen, aber diese können nur zusammen mit dem hohen Druck im Körperinneren zu einer funktionierenden Form führen. Ringelwürmer beispielsweise sind richtiggehend in Kompartimente aufgeteilt, wie die stark vereinfachende Skizze zeigt.

Der zweischichtige Hautmuskelschlauch umschließt einen zentralen Hohlraum, der durch Septen untergliedert wird. Die unter Druck stehende Binnenflüssigkeit wirkt als Widerlager gegen die Muskelaktivität. Dieser Gesichtspunkt („Hydroskelett-Theorie") wurde in seiner funktionellen Bedeutung lange Zeit unterschätzt.

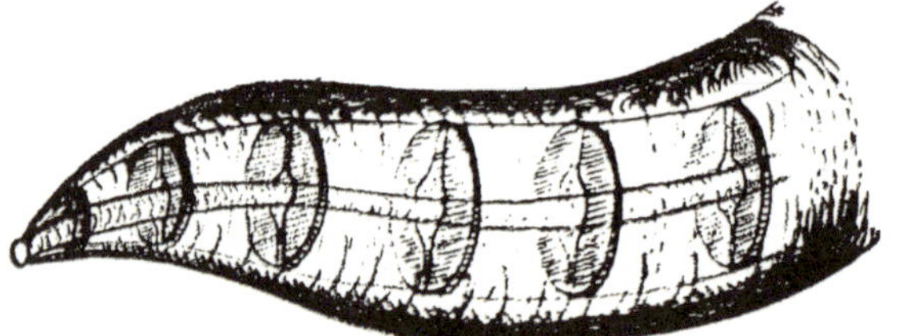

Gelbbrauner Zahnspinner (Raupe)
(*Notodonta torva*)

Spannerraupe

Die Raupen der Spanner (Geometridae) unter den Schmetterlingen sitzen oft, mit dem Hinterende festgeheftet, an Pflanzenstängeln und ähneln dürren Ästchen oder Dornen. So werden sie von ihren Feinden, insektenfressenden Vögeln, leicht übersehen. Auch diese Larven wären trotz ihrer mannigfachen Muskelverspannungen zwischen den einzelnen Segmenten ohne ein wohlausgebildetes Hydroskelett nicht formstabil und könnten sich nicht, einseitig eingespannt, frei im Raum halten. Die Spannerraupe hält sich nur mit den beiden letzten, stark entwickelten Hinterleibsbeinen fest. Die drei Brustbeinpaare sind als kompakte Masse hart unter dem Kopf zusammengelegt. Beim „spannerartigen" Kriechen werden die vorderen und die hinteren Anheftungselemente abwechselnd aufgesetzt.

Wie es zu dieser seltsamen Art, sich vorwärts zu bewegen gekommen ist, kann man nur vermuten; die Raupen benachbarter Familien bewegen sich jedenfalls „ganz normal". Da sich diese dünnen Raupen vorzugsweise an den Blatträndern bewegen, und da diese häufig tief gezackt sind, kann man annehmen, dass dieser Gang eine Anpassung an die bevorzugte Umwelt der Raupen darstellt. Durch das Dehnen und Strecken werden die tiefen Einbuchtungen zwischen zwei Zacken leichter überwunden. Die Raupe hangelt sich von „Berg zu Berg", über das „Tal" hinweg.

Penis von Säugern

Der Penis eines Säugers kann vor der Begattung um ein Mehrfaches an Länge und Volumen zunehmen und seine Steifheit ganz drastisch verstärken. Bewerkstelligt wird dies durch zentrale Schwellkörper, die mit Blut vollgepumpt werden. Beim Menschen liegen zwei große Schwellkörper in der oberen Seitregion des Penis.

Ein dritter umgibt als Harnröhrenschwellkörper die Harnröhre. In der Eichel verbreitet er sich besonders stark. Bei Elefanten kann der versteifte Penis eine beachtliche Größe erreichen, sodass er fast bis zum Boden herabreicht. Eine auffallende Größe erreicht auch der Penis des Pavians oder des Mandrills.

Hinterleibsende einer Skorpionsfliege (*Panorpa communis*)

Bei Insekten sind die Hinterleibsenden der Weibchen oft zu Legeröhren umgestaltet, die durch Erhöhung des Drucks der Körperflüssigkeit „pneumatisch ausgefahren" werden können. Besonders gut kann man das an den Weibchen der Stubenfliegen beobachten, wenn sie ihre Eier ablegen, ebenso an Feldheuschreckenweibchen. Die Skorpionsfliegen, die zu den Netzflüglern gehören, legen ihre Eier in Bodenspalten ab. Dafür ist der langgestreckt-pfriemenförmige, leicht ausfahrbare Hinterleib der Weibchen besonders geeignet. An seinem letzten Segment lassen sich feine Sinneshaare erkennen, mit denen die Bodenlücken abgetastet werden.

Die Männchen (unten) tragen dagegen einen skorpionsartig nach vorne gebogenen Kopulationsapparat am Hinterleibsende, der dieser Insektenfamilie den Namen gegeben hat.

Ausstülpbare Fühler

Schneckenfühler

Unsere Nacktschnecken und Gehäuseschnecken tragen in der Regel zwei Paare von Tentakeln, die sie einziehen und ausstülpen können. Diese werden auch als Fühler bezeichnet, haben aber mit den Fühlern, wie man sie etwa von Krebstieren und Insekten kennt, nichts zu tun. Die vorderen sind kleiner und tragen Geruchsorgane, die hinteren, längeren, tragen Augen, die bei den abgebildeten Landschnecken an der Spitze sitzen. Man erkennt sie als schwarze Pünktchen in den etwas aufgetriebenen Endkölbchen. Bei den Wasserschnecken sitzen sie an der Basis der langgestreckt-dreieckigen Tentakel. Diese

Sensoren werden bei den Umstülpungsvorgängen mit ein- und ausgerollt. Das Umstülpen geschieht durch Muskelzug und läuft etwa so ab, wie man einen Handschuhfinger aus- und einrollt. Im eingerollten Zustand sind die empfindlichen Sensoren gut geschützt. Die Schnecken kriechen mit ihrem breiten „Bauchfuß", nichts anderes bedeutet ja der wissenschaftliche Name „Gastropoda".

Von diesem hebt sich die Kopfregion etwas ab und kann mitsamt den Tentakeln auf und ab sowie nach rechts und links geschwenkt werden. Somit sind die Tentakel zur Umweltprüfung immer „in vorderster Front", und das ist die Kriechrichtung, in die als erstes der Kopf eingeschwenkt ist.

Dem mit der Lupe bewehrten Betrachter erscheinen die Schneckenaugen als dunkle Pünktchen. Macht man ein mikroskopisches Präparat in Form eines Längsschnitts, entpuppen sich die Augen als eingestülpte kleine Säckchen mit einer rundlichen, kristallartigen Linse in der Mitte. Nach außen ist das Augensäckchen von der vorderen Augenkammer umgeben und mit einer durchscheinenden Haut abgeschlossen. Gegen die Innenseite der hinteren Augenkammer gerichtet sind lichtempfindliche Sinneszellen, die eine Art einfacher Netzhaut (Retina) bilden. Umgeben ist diese von einer Zellschicht mit lichtabschirmendem dunklen Pigment. Nach außen lässt das Pigment die Mitte der Linse frei. Das ist der „Punkt", den man mit der Lupe sieht. Einen solchen Typ eines Auges kann man als ein primitives Linsenauge bezeichnen. Es ermöglicht schon ein lichtstarkes aber grobes Bildsehen und geht damit in der Evolution der Augen einen Schritt weiter als das lichtschwache „Lochkamera-Auge" mancher Meeresschnecken.

Stielaugen bei Insekten

Schneckenaugen sind Linsenaugen, Fliegenaugen sind Komplexaugen. Beide liegen wegen der langen Stiele weit auseinander. Der Vorteil ist eine bessere Orientierung und bessere räumliche Wahrnehmung. Bei der Paarung bevorzugen weibliche Fliegen Männchen mit besonders langen Stielaugen. Würden sie sich mit Männchen mit kurzen Stielaugen paaren, käme vorwiegend weiblicher Nachwuchs zustande. Dies hätte eine maximale Ausbreitung der eigenen Gene zur Folge. In der Natur ist es wichtig, dass es immer wieder zu neuen Genkombinationen kommt, um so Anpassung und Fortbestand zu sichern. Der Nachteil an der Wahl (Männchen mit langen Stielaugen) ist der, dass durch die Auswahl der Weibchen die Nachkommen immer längere Stielaugen bekommen. Es wurden schon Exemplare beobachtet, die deutliche Gleichgewichtsprobleme an den Tag legen und nur schwerlich in der Lage sind, geradeaus zu fliegen.

Sehen im Makrobereich

Die meisten Augen der Kleintiere sind Facettenaugen

60% aller beschriebenen Tierarten sind Insekten und haben Facettenaugen. Offensichtlich sind solche Augen auf das Sehen im Nahbereich optimiert. Libellen oder Gottesanbeterinnen sehen dermaßen gut im Zentimeterbereich, dass sie Fliegen im Flug erbeuten können. Die Anzahl der Ommatidien spielt dabei eine große Rolle. Die Heidelibelle der Gattung *Sympetrum* (rechte Seite oben) hat Zehntausende davon.

Spinnen haben Linsenaugen

Erstaunlich ist, dass die terrestrischen Spinnentiere Linsenaugen (und meist gleich acht Stück davon) besitzen. Während Spinnen normalerweise eher schlecht sehen, haben die Springspinnen sehr bemerkenswerte Augen entwickelt. Sie sehen im Nahbereich besser, als das mit dem menschlichen Auge möglich ist. Im Gegensatz zu anderen Spinnen, die auf das Ertasten von Erschütterungen oder Erkennen von Bewegungen angewiesen sind, erkennen Springspinnen auch regungslose Beute (also auch tote Tiere). Oben: Zebraspringspinne (*Salticus scenicus*), links *Siler semiglaucus*.

Die Art der Augen kann Aufschlüsse über die Evolution geben

Die Tausendfüßer (auf der rechten Seite unten ist ein tropischer *Alcimobolus domingensis* zu sehen), stellen einen Grenzfall dar: Noch ist nicht ganz entschieden, ob ihre Facettenaugen aus Ommatidien bestehen oder sehr einfache Ansammlungen von Ommatidien-ähnlichen Linsen sind. Im Gegensatz dazu haben Asseln (siehe Seite 8) ganz eindeutig sekundär vereinfachte Facettenaugen, was auf deren Abstammung von den Krebstieren hinweist.

Hydraulik im Spinnenbein

Strecken durch Innendruck

Spinnenbeine sind antriebsmäßig bifunktionell, arbeiten nämlich sowohl mechanisch wie auch hydraulisch. Sie besitzen zwar Beugermuskeln, aber an zwei Gelenken keine Streckermuskeln. Das Strecken wird durch den immer vorhandenen Innendruck der Blutflüssigkeit bewerkstelligt, bei speziellen Bewegungen auch dadurch, dass durch Muskelaktivität im vorderen Körperabschnitt Körperflüssigkeit in die Beine gepumpt wird. Das geschieht so schnell, dass die Vorderbeine der Krabbenspinnen in wenigen hundertstel Sekunden zuschlagen oder Springspinnen in wenigen tusendstel Sekunden abspringen können.

Gestörte Fanghandlung

Hier hat ein Weibchen der Krabbenspinne (*Thomisus onustus*) eine Honigbiene erbeutet, wurde dabei aber von Ameisen gestört. Bei den Krabbenspinnen sind die beiden vorderen Laufbeinpaare deutlich verlängert; mit ihnen wird die – oft wehrhafte – Beute festgehalten und zu den Beißklauen geführt, durch die sie mit einem Nackenbiss getötet wird. Die etwa 10 mm lange Spinne hat die anderthalbmal längere Biene mit den rechten Beinen gefangen und bereits ein wenig herangezogen. Man sieht das daran, dass der Bienenrüssel anstößt und abgeknickt ist. Das Vorderbein trägt neben Klauen einen kräftigen Borstenkamm (am linken Bein gut sichtbar), mit dem es sich im Haarwald der gefangenen Biene verankert hat. Der Ablauf der weiteren Handlung bis zum Tötungsbiss ist offenbar durch die herumsuchenden Ameisen unterbrochen worden.

Die meist hellgelb, aber auch weißlich gefärbte weibliche Spinne ist trockenheits- und wärme-
liebend. Sie lauert auf hellen Blüten auf ihre Beute, von denen sie sich kaum farblich abhebt.
Erkennbar ist sie an dem zweizipfelig ausgezogenen hinteren Körperabschnitt. Auch die hintere
Kopfregion ist zweizipfelig ausgezogen. Die Männchen sind viel kleiner und farblich auffallender.
In typischer Lauerstellung hält sie hier die beiden vorderen Beinpaare weit gespreizt und wartet so
völlig bewegungslos, bis sich ein Insekt auf die Blüte setzt. Hier ist eine Schwebfliege angeflogen.

Sporenträger beim Schachtelhalm

Typischerweise sind Gewebe in Knospen oder knospenähnlichen Organen schon weitgehend fertig angelegt und ausgebildet, aber noch nicht in der endgültigen Größe. Wenn sie sich aus solchen Anlagen entwickeln und entfalten, reicht für den Start eine Erhöhung des Innendrucks, der in der Botanik als *Turgor* bekannt ist. Dadurch strecken sich die Zellen, und der Entfaltungsprozess kommt in Gang. Man kann diese Art des Wachstums als passives Wachstum bezeichnen. Sehr bald kommt aber auch aktives Wachstum dazu. Die Zellen teilen sich immer wieder und bilden so neue flächige oder räumliche Strukturen. Sehr schön lassen sich diese beiden Wachstumsarten am Ausschieben der Stinkmorchel aus ihrer knolligen Anlage sehen (Seite 140). Auffallend sind sie auch beim Öffnen der Sporenträger der Schachtelhalme.

Die Einzelelemente werden so angelegt, dass sie sich kettenförmig um den Spross herumziehen. Beim Wachstum verformen sich die zunächst rundlichen Gebilde durch den gegenseitigen Druck zu Sechseckstrukturen. Diese lösen sich beim weiteren Wachstum und Austrocknen voneinander, schieben sich nach außen und öffnen damit ein verbundenes Netz schmaler Hohlräume. Sobald sich die Sporen aus ihren Sporensäckchen gelöst haben, können sie aus diesem Schlitzverbund herausdrängen und werden dann vom Wind mitgenommen.

Die Evolution hat somit bereits früh in der Pflanzenentwicklung eine Art Digitalisierung vorgenommen. Die Sporen reifen statt in großen Behältern in Einzelelementen, von denen jedes seine eigene Entwicklung durchmacht. Kommt es zu einer Fehlentwicklung oder Zerstörung eines Einzelelements, ist immer noch eine Vielzahl gleichartiger Elemente vorhanden, die funktionieren. Zur Funktion gehört dann auch das Zusammenarbeiten benachbarter Strukturen zur Bildung des genannten Hohlraumsystems. Dieses wiederum sorgt für eine portionsweise Freisetzung der Sporenmasse.

Acker-Schachtelhalm (*Equisetum arvense*)

Der Acker-Schachtelhalm ist einer von nur noch 32 heute lebenden Schachtelhalm-Arten, Nachfahren der riesigen Schachtelhalmbäume aus den Steinkohlewäldern des Karbon. Zu seiner Vermehrung treibt er einen generativen Halm aus, der endständig einen zapfenförmigen sogenannten Sporophyllstand trägt. Dieser ist mit sechseckigen Strukturen gefeldert. Beim Wachstum durch Druckerhöhung lösen sich diese bereits etwas voneinander und strecken sich danach über das zentrale Stielchen aktiv. Außerdem streckt sich die zentrale Achse des Schaftes. Sie schiebt dadurch, wie die Abbildung rechts zeigt, die Sechsecke zunächst ringförmig auseinander, bis sie sich schließlich in einzelne Elemente aufspalten. Man erkennt dann, dass an den sechseckigen Blättchen, den Sporenblättchen oder Sporophyllen, kleine Säckchen hängen, die Sporensäckchen oder Sporangien. In ihnen sind die Sporen enthalten, die beim Austrocknen frei und vom Wind verbreitet werden.

Eine auskeimende Spore wächst zu einem kleinfingernagelgroßen flächigen Gebilde aus, das in spezialisierten Behältern die Ei- und Samenzellen beherbergt. Aus der Vereinigung von beiden wächst eine neue Schachtelhalmpflanze hoch, die verzweigte (vegetative) und unverzweigte (generative) Halme erzeugt. Damit ist der Kreislauf geschlossen. Er besteht aus zwei Generationen zwischen denen Vermehrungs- bzw. Fortpflanzungsstadien liegen, die Sporen und die Eizellen / Samenzellen, die durch passive und aktive Wachstumsvorgänge die jeweilige Generation ausbilden. Man spricht deshalb von einem Generationswechsel. Davon hat die Evolution bei den Moosen, Farnartigen und Samenpflanzen zahlreiche Variationen, Weiter- und Rückentwicklungen „ausprobiert"; die erdgeschichtlich jüngste Stufe stellen die früchtetragenden Bedecktsamer dar, zu denen etwa unser Apfelbaum gehört.

Scharnier- und Kugelgelenke

Beinglieder bei einem Krebs

Scharniergelenke sollen in Natur und Technik nur einen Freiheitsgrad der Rotation besitzen, sich also nur um eine einzige Achse drehen können. Ein typisches technisches Beispiel ist das Klavierband. In der Natur wird das Problem, ein Scharniergelenk zu entwickeln, oft dadurch gelöst, dass zwei Gelenkelemente vorhanden sind, durch die eine imaginäre Achse verläuft. Um diese Achse dreht sich dann das Gelenk. Dies ist besonders gut bei Krebsscheren zu beobachten oder bei der Verbindung von Beingliedern bei Krebsen, die die Wellen als kalkinkrustierte tote Hüllen an den Strand gespült haben. Jede der beiden Einlenkungen ist an sich leicht kugelig. Zusammen definieren sie aber ein Scharnier.

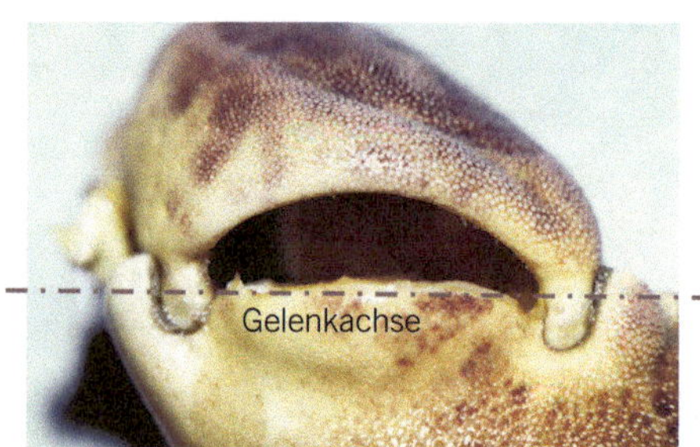

Schalenschloss einer Muschel

Die beiden abgebildeten Schalen der Herzmuschel und Venusmuschel sind durch ein Schalenschloss ineinander gehakt. Sie werden durch ein außenliegendes elastisches Spannband passiv geöffnet, wenn die kräftigen Schließmuskeln, die die Schalen im Inneren verbinden, nachlassen. Schalen, Schloss und Schließmuskel sorgen für einen dauerhaften und kräftesparenden Verschluss der Muschel und bieten so einen Fressschutz vor Feinden wie Seesternen und Rochen, sowie vor Austrocknung bei Muschelarten, die in der Gezeitenzone leben.

Die Schalenschlösser sind äußerst vielfältig und haben einige taxonomische Bedeutung, das heißt, sie sind für die Artbestimmung wesentlich. Von Formen, bei denen ein Schlossmechanismus gerade nur angedeutet ist, bis zu extrem entwickelten Einrichtungen dieser Art mit zahlreichen ineinandergreifenden Haken und Ösen gibt es alle Übergänge. Im Prinzip sind die komplizierter gebauten Schalenschlösser so gemacht, dass wechselweise Vorsprünge einer Schale in Einbuchtungen der anderen eingreifen. Dazwischen liegen Berührungsflächen oder nut-federartige Verbindungselemente. Letztlich entstehen so hervorragende Scharniergelenke, bei denen alle Bewegungen unterbunden sind, mit Ausnahme der Drehung um die Gelenkachse.

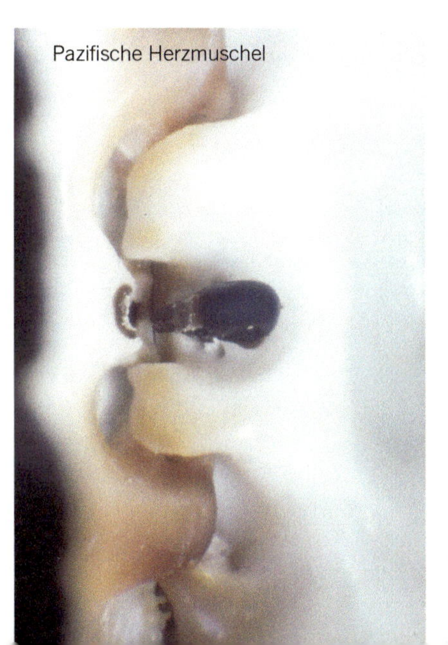
Pazifische Herzmuschel

Beine mit Sollbruchstellen

Die Beine der Weberknechte sind bekanntlich sehr lang – bei einer der zahlreichen Arten fast 40-mal so lang wie der Körper. Zwischen Hüfte und Hüftring besitzen sie eine präformierte Bruchstelle (vgl. Seite 44). Hier brechen die Beine bei Berührung leicht ab und zucken weiter, sodass sie die Aufmerksamkeit eines Vogels ablenken können, während der Weberknecht flüchtet.

Im Bild unten sieht man nur noch sieben Beine. Unser Weberknecht, der zu den Spinnentieren gehört und damit acht Beine haben sollte, hat also schon einmal ein Bein „geopfert", nämlich das zweite Bein der rechten Seite. Weberknechte haben, wie alle Spinnentiere, Linsenaugen, allerdings nur ein Paar (sonst sind es i. Allg. vier Paare). Sie sitzen rechts und links auf einem kleinen Höcker.

Die langgestreckt-konischen, hellen Gebilde sind die Hüften der Beine. Daran schließen sich die kurzen Schenkelringe an und daran wiederum die langen, dünnen Schenkel. Bei einigen Gelenken kann man von Übergängen zwischen scharnier- und kugelgelenkiger Einlagerung sprechen.

Einlenkung des Oberschenkelkopfes im Becken

Wie Röntgenaufnahmen oder Schnittpräparate zeigen, handelt es sich hier um ein nahezu ideales Kugelgelenk. Wir vermögen den Oberschenkel durch Muskelzug in alle möglichen Richtungen zu drehen, sodass sich unsere Knieregion auf einer Kugelschale bewegen kann. Im Oberschenkelkopf liegt ein geordnetes System der Druck- und Zugbälkchen, das für die außerordentliche Stabilität dieses Leichtbaus verantwortlich ist. Es handelt sich hier um einen der wenigen Fälle, in denen die Evolution erkennbar an ihre physikalischen Grenzen gekommen ist; einen vollkommenen spannungstrajektoriellen Bälkchen-Bau kann man nicht mehr leichter bauen. Der Spalt zwischen Gelenkkopf und Becken ist durch die Präparation entstanden.

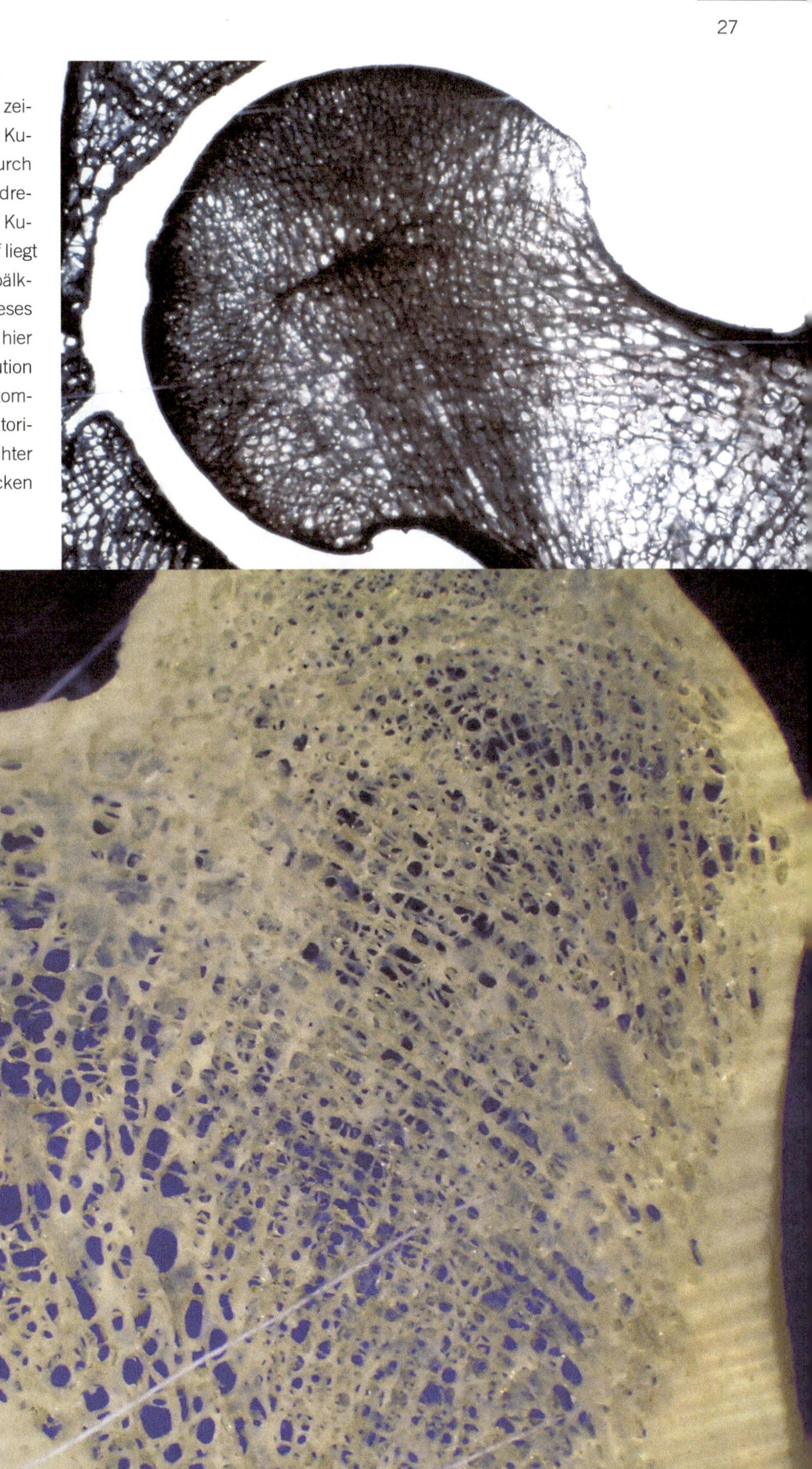

Kinematische Kette im Papageienkopf

Körnerfressende Papageien bewegen Ober- und Unterschnabel gegeneinander. Wenn sich der Unterschnabel senkt, hebt sich der Oberschnabel – und umgekehrt. Dafür sorgt eine Zwangskoppelung zwischen den beiden Schnabelhälften, die sich knöcherner Elemente des Schädels bedient.

Eine solche Zwangskoppelung ist günstig beim Körnerfressen. Wäre eine Schnabelhälfte fest und würde die andere dagegen drücken, so könnte ein Korn leicht herausrutschen. Die Evolution hat zu einem besseren Prinzip geführt. Die beiden Schnabelhälften bewegen sich wie die Backen einer Zange gegeneinander. Dazu waren beträchtliche Umbauten in den beweglichen Schädelelementen nötig. Solche „Zangenschnäbel" erleichtern auch das Klettern. Papageien benutzen bekanntlich ihren Schnabel wie eine dritte Extremität und halten sich an Zweigen oder Leisten fest, wenn sie mit den Füßen einen Halt suchen. Man kann diese Klettertechnik an Käfigpapageien, die sich mit ihrem Schnabel an den Kletterstangen oder Käfigleisten verankern, gut verfolgen.

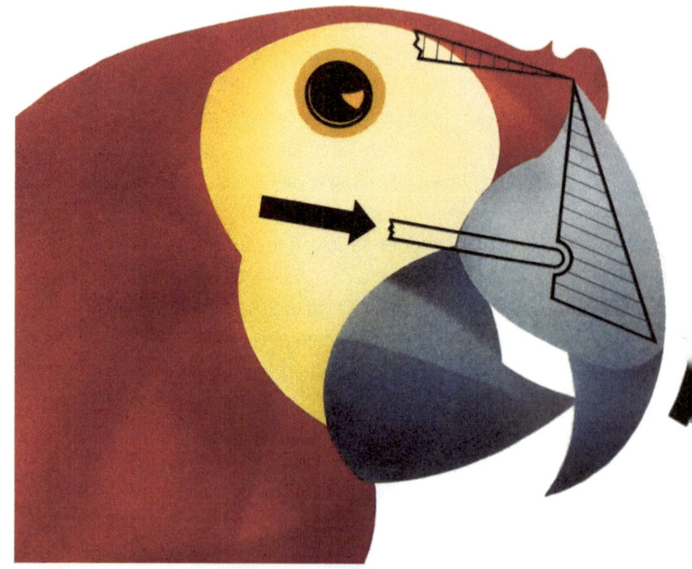

Kinematische Viergelenkkette im Waranschädel

Eine kinematische Kette besteht, wie die Skizze zeigt, aus vier miteinander gelenkig verbundenen Elementen 1 bis 4. Das System weist also auch vier Gelenke A bis D auf. Eine solche Kette ist „zwangsläufig". Hält man beispielsweise in Gedanken das Element 4 fest und dreht das Element 1 um sein Gelenk A, so bewegt sich das Element 3 in definierter Weise hin und her, weil die Bewegung von 1 auf 3 durch das zwischengekoppelte Element 2 vermittelt wird.

Eine solche zwangsläufige Kette findet sich beispielsweise im Waranschädel. Wenn sich der Unterkiefer senkt, drehen Muskeln den Knochen 1 im Gelenk A nach vorne-oben. Als Folge davon hebt sich zwangsläufig der Oberkiefer

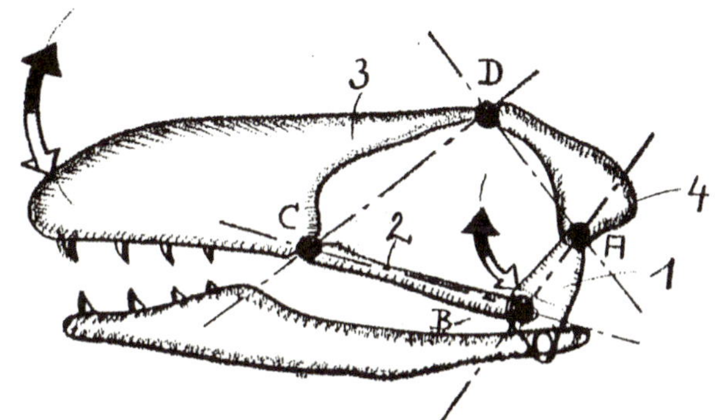

und umgekehrt. Die Vorteile liegen auch hier darin, dass die beiden Kiefer scherenartig gegeneinander arbeiten können, wie die untenstehende Animation von Franz Gruber zeigt.

Häufig im Tierreich

Kinematische Ketten finden sich im Tierreich immer wieder, bereits bei den Fischen (tütenförmiges Maul-Vorstrecken, Seite 30) und bei Insekten. Bienen und Wespen falten damit den Hinterflügel in der Ruhestellung gegen den Vorderflügel (Seite 80).

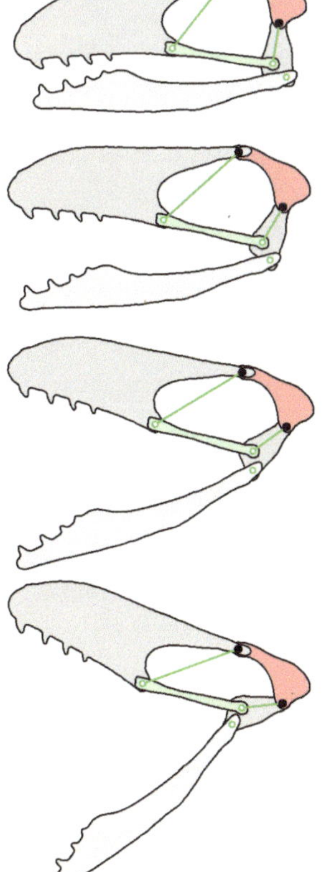

Komodowaran
(*Varanus komodoensis*)

Stülpmaul

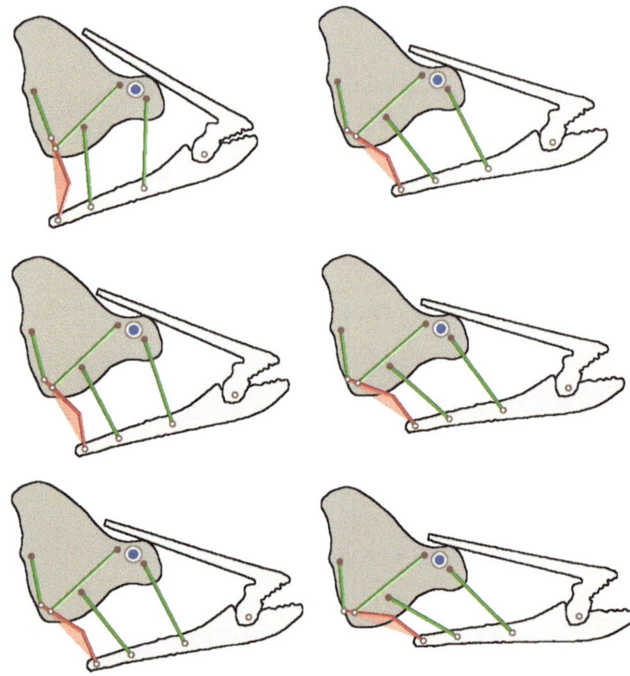

Der Stülpmaul-Lippfisch (*Epibulus insidiator*) hat einen raffinierten Jagdtrick entwickelt: Während des Fressens entfaltet sich sein Maul blitzschnell zu einem langen Rohr, mit dem kleine Fische eingesaugt werden.

Dieser Angriff trifft die Beutefische völlig unvorbereitet, denn Fische schätzen die Gefährlichkeit von Raubfischen üblicherweise anhand deren Größe, Geschwindigkeit und des Abstands zu ihm ein. Sobald sie aber in die Nähe eines zunächst unauffällig aussehenden Stülpmaul-Lippfischs geraten, werden sie dann Opfer dieses evolutionär vorprogrammierten Irrtums. Mit einer solchen Maulverlängerung rechnet niemand im Korallenriff!

Der Fisch „trainiert" den Mechanismus auch ohne Beute. Dann sieht das Ganze wie ein Gähnen aus und man kann die komplexe Bewegung sogar ohne Zeitlupe studieren. Entfernt erinnert der Mechanismus an die Fangmaske einer Libellenlarve.

Das ist nur ein Beispiel für die Fülle natürlicher Konstruktionen, Verfahrensweisen und Evolutionsprinzipien, die noch der Erforschung und der Übersetzung in die Technik harren.

Links sieht man drei Sreenshots einer Animation von Franz Gruber: Der zugrundeliegende vielgliedrige kinematische Mechanismus ist – was die Längenmaße der beweglichen Knochen anbelangt – höchst sensibel.

Klickmechanik und Stachel

Schnellkäfer

Nach ihrer Fähigkeit, sich aus der Rückenlage vom Boden abzuschnellen, heißen die Elateriden auch „Schnellkäfer". Bekannter als die Imagines sind hier wohl die Larven; es sind die gefürchteten „Drahtwürmer", die dem Gartenfreund das Leben schwer machen können. Wenn man einen Schnellkäfer fängt und auf den Rücken legt, macht er zunächst ein „Hohlkreuz" mit Hilfe eines zarten Spannmuskels. Dann setzt er einen nach hinten laufenden Dorn auf der Unterseite der Vorderbrust auf die Kante einer Grube in der Mittelbrust und spannt die kräftige Schnellmuskulatur an.

Schlagartiger Abbau der Verklemmung

Wenn der Widerstand der mechanischen Verklemmung überwunden ist, springt der Vorderbrustdorn schlagartig in die Grube der Mittelbrust. Damit krümmt sich der Käfer nach oben, sein Schwerpunkt wird plötzlich angehoben, und das Tier schnellt dadurch hoch. Es dreht sich in der Luft meist um, aber nicht gezielt: Kommt es beim Zurückfallen auf dem Rücken zu liegen, so schnellt es wieder hoch, bis es einmal in Bauchlage landet.

Der Mechanismus dient hauptsächlich zur Flucht, alleine zum „wieder auf die Beine kommen" hätte er evolutionär wohl zu wenige Vorteile gehabt. Wenn der Käfer kann, wird er sich allerdings durch Wegfliegen zu retten versuchen (rechts).

Mehr als 400 g

Die beim Schnellvorgang auftretenden Beschleunigungen sind mit die höchsten, die bei Insekten festgestellt worden sind. Es kommt hier zu mehr als der 400-fachen Erdbeschleunigung. Dornen oder Stacheln spielen allgemein eine sehr vielfältige Rolle in der belebten Welt, wie das nächste Beispiel zeigt, eine breite Spielwiese für die Evolution.

Zu den Bilderserien: Oben sind in einem multiplen Bild vier Bilder eines Senkrechtstarts im Abstand 1/50 Sekunde zu sehen. Unten sind drei Einzelbilder im Abstand 1/25 Sekunde beim Hochschnellen und mehrfachen „Auerbach-Salto" aus der Bauchlage (!) zu sehen, das letzte – multiple – Bild zeigt einen mehrfachen Salto.

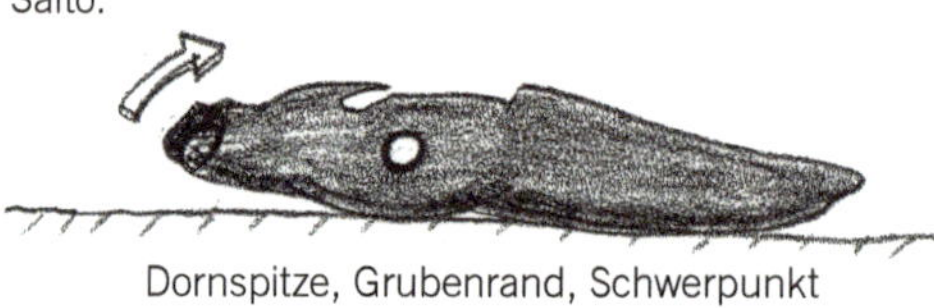

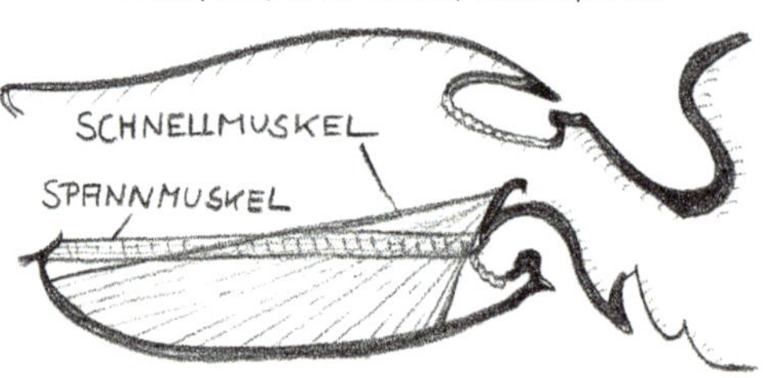

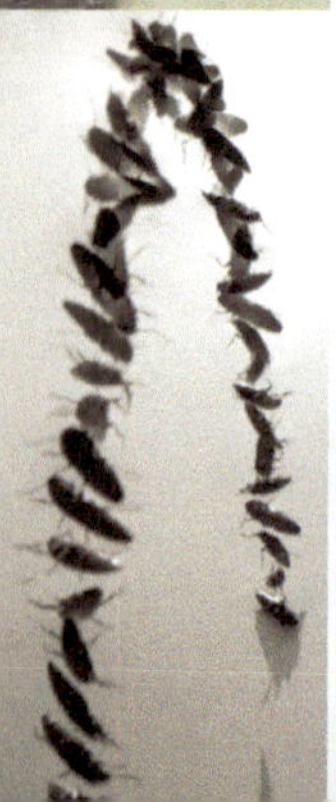

Seeigelstacheln

Der unten rechts abgebildete Steinseeigel (*Paracentrotus lividus*) besitzt wie fast alle Seeigel Stacheln. Sie sind in diesem Fall eher kurz aber sehr spitz. Bei den Seeigelstacheln gibt es eine große evolutive Vielfalt an Formen und Funktionen. Das heißt, das Prinzip des Stachels kann bei sehr unterschiedlichen Anforderungen eingesetzt werden. So kommen sehr lange, dicke Stacheln vor, auf denen manche Seeigel wie auf Stelzen laufen, andere wieder sind noch deutlich länger und haarförmig dünn und legen sich zu einer Art Atemröhre zusammen, während sich die Tiere im Sand vergraben. Wieder andere sind leicht abbrechende, spitze, giftige Dolche oder aber Grabwerkzeuge zum Anbohren von Gestein.

Der „typische" Seeigelstachel ist lang und dünn – und außerordentlich leicht. Er stellt ein äußerst stabiles Leichtbausystem dar und besteht im Prinzip aus längs verlaufenden und ringförmig angeordneten Kalksepten, die sich zu einem räumlichen Schalenträgerwerk durchdringen. Im Querschliff sehen die Kalkstacheln der Seeigel bezaubernd schön aus und erinnern manchmal an gotische Fensterrosetten. Die Skizze zeigt einen Querschliff durch den Primärstachel von *Diadema paucispinum*, einer pazifischen Art mit nichtsolidem Stachelzentrum. Bei den meisten Arten dagegen sind die Stacheln bis ins Zentrum solide.

Seeigelstacheln sitzen wie Sendemasten auf halbkugelig-konvexen Vorsprüngen des Panzers. Verankert werden sie zum einen durch ein zentrales, durchlaufendes Band, zum anderen aber durch rundherum ansitzende Muskeln, die wie die Verspannseile der Sendemasten wirken. Wenn sich die Muskeln unregelmäßig kontrahieren, können sie den Stachel in alle möglichen Richtungen bewegen. Das Ganze wird von einer Haut überzogen und besitzt für die Bewegungssteuerung sogar einen eigenen Nervenkomplex. Auf S. 165 sieht man eine Fotografie einer Kalkschale, auf der die Stacheln aufsitzen.

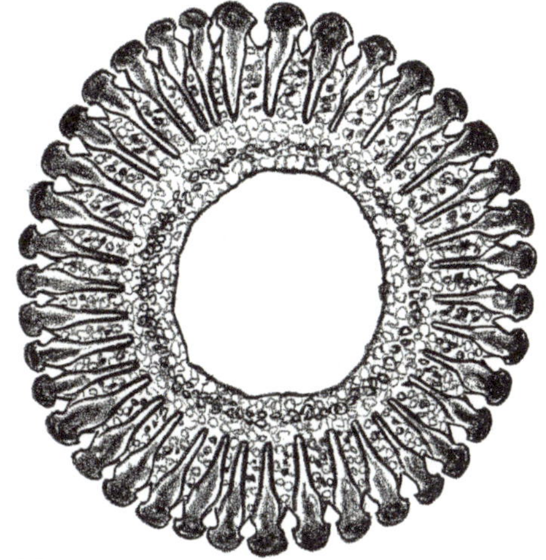

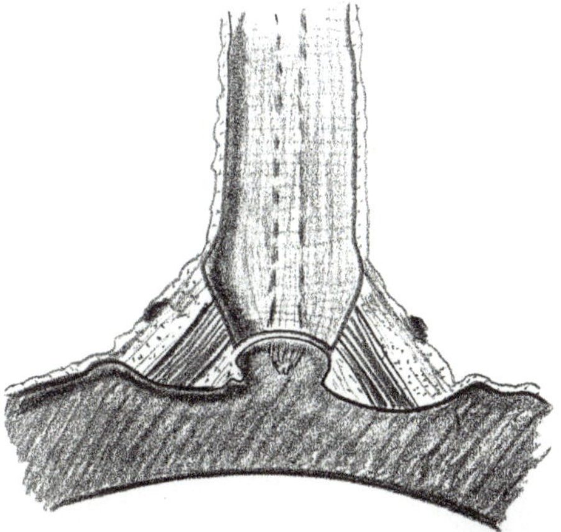

Das Gelenksystem der Insektenfühler

Fühler sind dreigliedrig

Mit Ausnahme der allerursprünglichsten Insekten sind Insektenfühler dreigliedrig. Sie bestehen aus einem eher kugeligen Basalglied, dem Scapus (1), einem unscheinbar kleinen anschließenden Zwischenglied, dem Pedicellus (2) und schließlich der langen Geißel, dem Flagellum (3). Im Kopf sitzen die Muskeln, die das Basalglied verdrehen und verkippen können, im Basalglied die Muskeln, die entsprechendes mit dem Zwischenglied bewerkstelligen. Die oft peitschenartig langgestreckte Geißel ist fest mit dem Zwischenglied verbunden, wird also mitbewegt, wenn sich dieses verdreht. Über die beiden Gelenke kann die Geißelspitze im Vorfeld jeden Punkt einer Halbkugel vom Radius der Geißellänge erreichen. Da die Geißel in der Regel hohl ist, wie die REM-Aufnahme eines Geißelquerschnitts der Honigbiene auf der rechten Seite zeigt, weist sie eine nur geringe Masse auf und behindert damit nicht die Feineinstellung.

Das Trommelfell der Heuschrecke

Bei den meisten Laubheuschrecken (hier *Acanthoplus discoidalis*) und Grillen sitzt das Trommelfell an den Knien des vordersten Beinpaars (4). Wie neueste Forschungen ergeben haben, arbeitet es vergleichbar dem menschlichen Innenohr, nur ist es um ein Vielfaches kleiner. Hier hat die Evolution sehr kleine und effiziente Mikrophone erschaffen.

Extreme Empfindlichkeit

Auf der Geißeloberfläche sitzen dichtgedrängt zahlreiche Sinnesorgane, die chemische und physikalische Reize (etwa Geruchsmoleküle und Druckschwankungen) aufnehmen können, oft mit verblüffender Empfindlichkeit. Es wurde schon erwähnt, dass die Evolution mit der Sensorik oft die Grenzen des physikalisch Möglichen erreicht hat. Das wären bei den Antennen der Insekten, auf denen Geruchssensoren und Mechanosensoren eng ineinander geschachtelt sind, einzelne Geruchsmoleküle, wie das beim Männchen des Wiener Nachtpfaus wahrscheinlich gemacht worden ist.

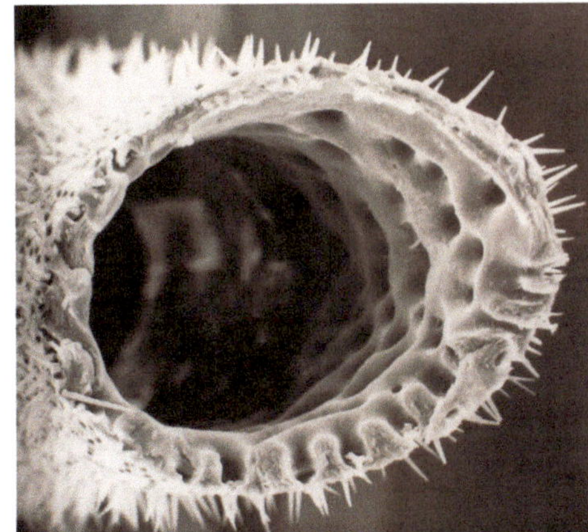

Bei den Gelenksorganen der Schaben wären es feinste Schwingungen im subatomaren (!) Bereich. Bei den Insektenaugen wären es einzelne Lichtquanten; das ist aber zur Zeit noch umstritten. Im Abschnitt über Makrostrukturen von Sinnesorganen ist dazu am Beispiel der Stechmücken-Antenne (Seiten 144f) noch Näheres gesagt.

Abwehr mit Eigenblut

Die stachelig gepanzerte afrikanische Laubheuschrecke *Acanthoplus discoidalis* ist mit kräftigen Beißwerkzeuge ausgestattet. Zur Abwehr von Fressfeinden hat die Schrecke viele Strategien. Das letzte Mittel bei Angriffen von Vögeln und Echsen ist ein Reflexbluten. Das ätzende Blut (Hämolymphe) kann zentimeterweit verspritzt werden.

Blutströpfchen sind zum Beispiel an der linken Fühlerbasis, über dem linken Auge und am Brustschild zu sehen. Diese schmecken offenbar sehr unangenehm, denn zupickende Vögel verlassen ihre Beute meist fluchtartig nach dem ersten Hinpicken.

G. Glaeser, W. Nachtigall, *Die Evolution biologischer Makrostrukturen*, https://doi.org/10.1007/978-3-662-57826-1_2

2 Haften, Filtern, Bohren

Strukturen miteinander verkoppeln

Bauteile müssen mechanisch belastbar sein. Bestehen sie aus Einzelelementen, so ist dafür zu sorgen, dass diese gut aneinanderhaften. Oft müssen auch sehr unterschiedliche Strukturen miteinander verkoppelt werden, zum Beispiel ein Fliegenfuß und eine Blattoberfläche. Funktioniert die Verbindung zwischen Bauteilen, können auch komplizierte Strukturen aufgebaut werden, etwa Reusen und Bohrer. Diese sollen mit ihrem Material nun gerade keine Haftung eingehen. Auch Pollenhaftung im Haarkleid gehört in diese Kategorie.

Haftapparate

Geckofüße

Geckos können bekanntlich an glatten Flächen, beispielsweise an Glasfenstern, senkrecht hochlaufen, ja sogar die Zimmerdecke entlangspazieren, ohne herunterzufallen. Der Geckofuß stellt einen der wirkungsvollsten Haftapparate dar, den die Evolution hervorgebracht hat. Es gibt zahlreiche morphologische Formen; die Skizze zeigt die Ausgestaltung bei der Gattung *Hemidactylus*. Alle fünf Zehen sind lappig verbreitert und tragen parallelstehende Reihen von Haftlamellen. In ihnen vereinigen sich Reihen von dichtstehenden kleinen Haaren zu sogenannten „Haftpinseln". Diese feinen Haare sind kaum einen Zehntelmillimeter lang und enden in allerfeinsten, bisweilen widerhakig gebogenen Spitzen, die nur elektronenmikroskopisch auflösbar sind.

In den Haftballen dieser hochspezialisierten Füße liegen große Blutlakunen. Wenn Blut in diese Hohlräume gepumpt wird, werden die Myriaden allerfeinster, widerhakiger Haarpinsel so an die Unterlage gedrückt, dass sie sich in jeder noch so kleinen Unebenheit verfangen müssen. Demnach wäre die Haftung der Geckofüße ein rein mechanischer Vorgang.

Es hat sich aber gezeigt, dass das nicht den eigentlichen Haftmechanismus ausmacht. Die allerfeinsten Fortsätze dieser „Pinselhaare" können einen derart innigen Kontakt mit der Oberfläche eingehen, dass bereits zwischenmolekulare Kräfte zur Wirkung kommen, die als Van-der-Waals-Kräfte bekannt sind. Diese übernehmen den Löwenanteil der Haftkraft. Da alle Gegenstände, abgesehen von solchen in einem Hochvakuum, mit einem allerfeinsten Wasserfilm überzogen sind, wird aber wohl auch nasse Adhäsion eine gewisse Rolle spielen.

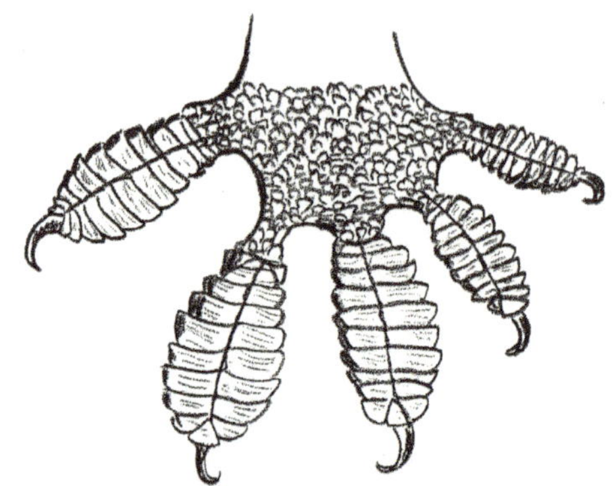

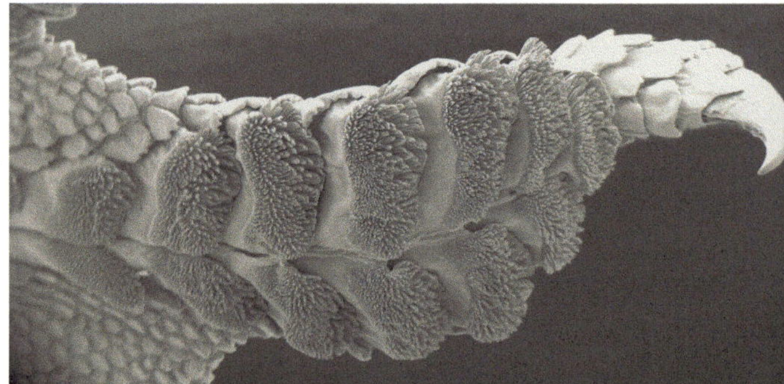

Haftlappen am Fliegenfuß

Diese Fliege hält sich mit hufeisenartig anmutenden, dünnen und schmiegsamen Haftlappen an einer glatten Oberfläche fest. Die Haftlappen oder Pulvillen sind mit außerordentlich vielen feinsten Härchen besetzt und sondern eine Flüssigkeit ab, die sich kapillar zwischen sie und den Untergrund schiebt. Im Wesentlichen haften sie somit durch Adhäsion. Bei dieser Flüssigkeit handelt es sich um nichts Spezifisches, sondern im Wesentlichen um Substanzen, die durch die feinen Kanäle der Chitinbedeckung vom ganzen Insekt abgegeben werden. Zur zusätzlichen Verankerung dienen die Klauen am Ende der Fußglieder.

Die REM-Aufnahmen zeigen die Pulvillen ein wenig geschrumpft. Im Leben breiten sie sich dagegen weit aus und bilden flach-elastische tellerförmige Strukturen, wie die untere Aufnahme zeigt. Hier hält sich eine Fliege mit den Vorderbeinen auf einer Unterlage fest. Dies ist wieder ein schönes Beispiel für den Funktionswandel – oder vielleicht besser gesagt: für die Funktionserweiterung – von Strukturen, die der Evolution unterworfen sind. Man kann zwar nicht genau sagen, ab wann in der Insektenevolution Pulvillen aufgetreten sind; im Bernstein eingeschlossene höher entwickelte Insekten haben sie jedenfalls bereits in voller Ausprägung. Bei den ursprünglicheren Insekten gibt es sie dagegen noch nicht. Sobald sie aufgetreten waren, konnten sie nur durch Benetzung mit einer Flüssigkeit kapillar aktiv werden und sich so durch Anklatschen halten. Die Evolution hat dazu kein neues, spezielles Drüsensystem entwickelt, sondern das ursprüngliche Schutzsystem zum Lieferanten von Haftflüssigkeit erweitert.

Klebrige Spinnennetze

Die Netze der Radspinnen

bestehen aus einem Rahmen radiärer Verankerungsfäden und aus spiraligen Fangfäden. Nur die Fangfäden sind mit – oft recht regelmäßig angeordneten – Klebetröpfchen besetzt. Das sieht man besonders im Morgentau, weil sich dann um jedes Klebetröpfchen ein (viel größeres) Wassertröpfchen kondensiert hat. Die Spinne setzt den Klebstoff im Übrigen nicht tröpfchenweise ab, sondern überzieht den Fangfaden mit einer Leimhülle aus ihren Spinndrüsen. Diese Hülle zieht sich dann abschnittsweise zu einzelnen Tröpfchen zusammen. Nach diesem Verfahren bauen die bekannten Kreuzspinnen ihre Netze, zum Beispiel die einheimische *Araneus diadematus*.

Evolutionäre Nischen werden ausgefüllt

Andere Radnetzbauer, etwa die Kräuselradnetzspinnen (Uloboridae), überziehen ihre Fangfäden mit einem feinsten, gut fängigen Kräuselgespinst. Auch hier ist die Vielfalt der Ausgestaltungen überwältigend. Die Funktion des Haftens wird mit unterschiedlichen mechanischen und chemischen Strukturen erreicht. Das ist – verallgemeinernd gesagt – typisch, wenn es in der Evolution darum geht, eine „evolutive Nische" auszufüllen, also mit Formen und Funktionen in Bereiche vorzustoßen, in denen es diese noch nicht oder nur andeutungsweise gibt.

Klebetröpfchen des Sonnentaus

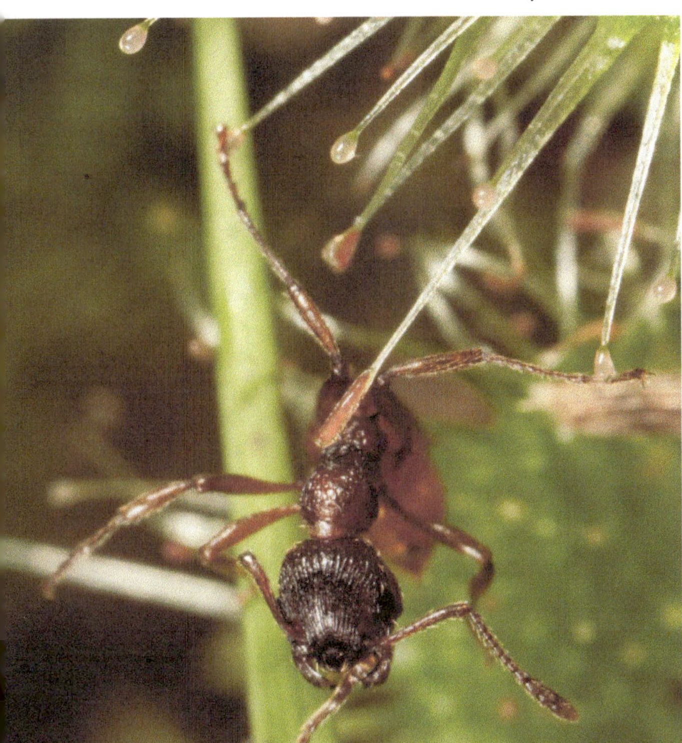

Unsere einheimischen Sonnentau-Arten (Gattung *Drosera*) gehören zu den „fleischfressenden" Pflanzen. Sie leben vor allem auf Hochmooren, einem Untergrund, dem es an Stickstoffverbindungen mangelt. Ihren Stickstoffbedarf decken sie zum Großteil dadurch, dass sie Tiere fangen und zersetzen.

Klebrige Tentakel

Auf den Blättern tragen sie Tentakel, Auswüchse, die wie Schneckenfühler aussehen. Die regelmäßig angeordneten Außenzellen ihrer Köpfchen sondern ein glänzendes Sekret ab, das nach Honig duftet und klebrig ist.

Stickstoffverbindungen aus Insekten

Wenn das angelockte Insekt hängenbleibt und strampelt, eine Ameise oder Fliege zum Beispiel, kommt es mit anderen Tentakeln in Berührung, die sich nun in Richtung der Beute hinwenden, wobei sich das ganze Blatt etwas einwölbt. So wird das Tier eingeschlossen und stirbt. Seine Zersetzungsprodukte und damit die dringend benötigten Stickstoffverbindungen werden von speziellen Drüsenzellen des Blattes aufgenommen. Ähnlich gehen die tropischen Kannenpflanzen der Gattung *Nepenthes* vor. In ihren Kannen sammelt sich eine wässrige Flüssigkeit. Die Ränder sind extrem glatt, sodass sich insbesondere Ameisen nicht halten können, in die Kanne abrutschen und dort zersetzt werden.

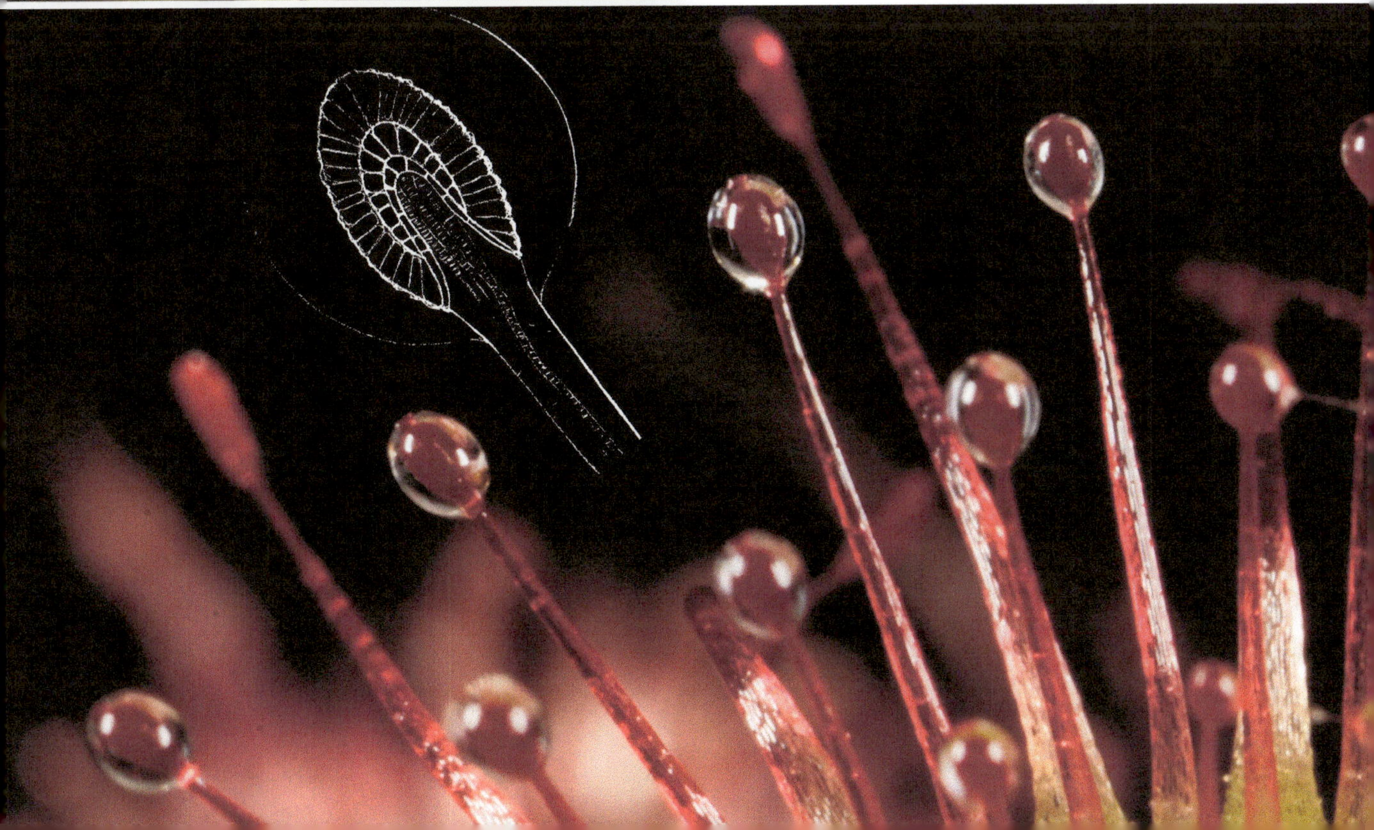

Koppelungsmechanismen

Begattung bei Insekten

Insbesondere in der Insektenwelt gibt es eine sehr große Zahl von Koppelungsmechanismen, mit denen die Männchen einer Art mit dem Weibchen, das sie begatten, mechanisch verbunden werden. Diese Mechanismen passen häufig zusammen wie Schlüssel und Schloss und dienen auch dazu, kopulierenden Partnern zu „melden", dass es sich tatsächlich um ein gegengeschlechtliches Tier derselben Art handelt.

Kommt der Schluss mechanisch nicht zustande, etwa weil nicht identische, sondern nur ähnliche Arten zusammengetroffen sind, so wird der Begattungsversuch abgebrochen.

Besonders bei den Libellen ist dieses Schlüssel-Schloss-Prinzip gut ausgebildet. Hier packen die Männchen mit ihren Hinterleibszangen (Seite iv) erst einmal die Weibchen in der Kopf- oder Vorderbrustregion (Seite 148). Auch hier passen die Koppelorgane identischer Arten präzise zusammen. Allerdings kommen auch Bastardierungen nahe verwandter Arten vor. Die meist zu mehreren ineinandergreifenden mechanischen Vorrichtungen und Sicherungen lassen sich auf einer Übersichtsaufnahme nur unvollständig abbilden.

Das Bild unten zeigt die Paarung zweier Habichtsfliegen.

Begattung bei Zuckmücken

Die Zuckmücken (Chironomidae) beginnen ihre Begattung im Flug und führen sie bisweilen auch im Flug zu Ende. Eine vollautomatische Einrastmechanik, die einen sicheren Schluss und eine wohlgesicherte Spermapassage gewährleistet, ist hier besonders wichtig. Bei einer Art der Gattung *Tanytarsus*, von der das Hinterleibsende des Männchens nach einem Mikropräparat auf dem linken Foto dargestellt ist und deren Einrastmechanismen in der Skizze verdeutlicht sind, funktioniert der Zusammenschluss folgendermaßen:

Die Kopulation wird im Flug eingeleitet und dauert nicht länger als eine halbe Minute. Dazu muss die Hinterleibsspitze des Männchens mit dem Spermaausführgang fest in einer Einwölbung am Hinterende des Weibchens verankert werden (Passung A). Damit sich die Verbindung durch Ziehen nicht lösen kann, greifen paarige Hebel des Männchens zwischen Ausbuchtungen und Hinterleibsanhänge des Weibchens (Passung C). Außerdem schieben sich pinselartig behaarte, paarige Anhänge des Männchens in löffelförmig ausgehöhlte Hinterleibsanhänge des Weibchens (Passung B, hier handelt es sich aber wahrscheinlich mehr um ein Stimulationsorgan als um mechanischen Halt). Die Verbindung wird gegen Verdrillung unempfindlich, wenn sich die paarigen, zweigliedrigen, kräftigen Hinterleibszangen des Männchens in entsprechend ausgeformte Seitstücke des weiblichen Hinterleibs einklemmen (Passung D).

Die Tiere können den Kontakt nicht optisch kontrollieren. Daher tragen sie zahlreiche Sinnesorgane in der Genitalregion, die den jeweiligen Sitz der unterschiedlichen Kopplungsstücke melden. Dieser vollautomatische Einrastmechanismus mit seiner Mehrfachsicherung erinnert an die Verkopplung von Flugzeugen beim Lufttanken oder an die Einrastmechanismen, die seinerzeit beim Apollo-Mondlandeprogramm verwendet worden sind. Dass die Evolution zu so außerordentlich komplexen Strukturbeziehungen geführt hat, ist ein Zeichen für die grundlegende biologische Bedeutung dieser Verkopplungsvorgänge. Im Leben eines Zuckmückenmännchens ist die Begattung eines Weibchens ein seltenes Ereignis, das es, tritt es denn einmal ein, unbedingt zu nutzen gilt.

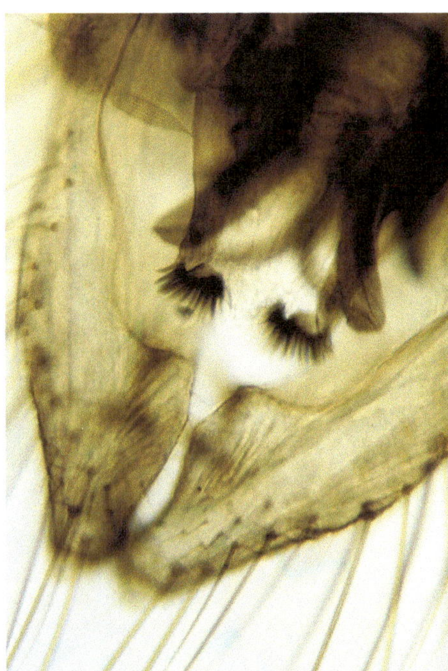

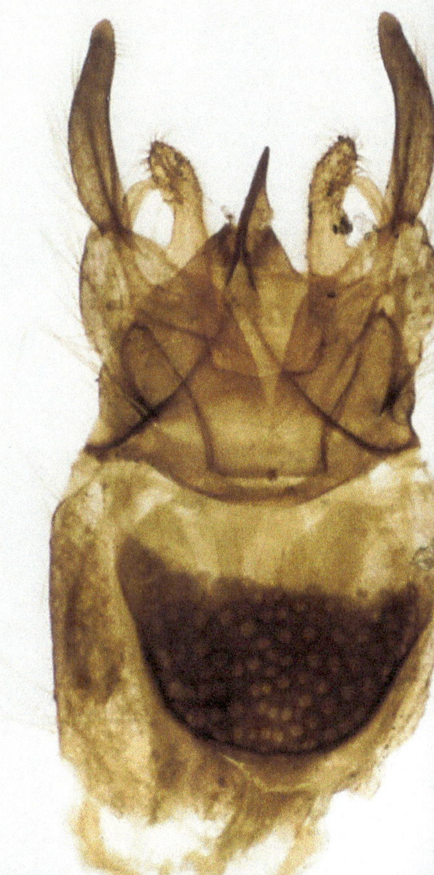

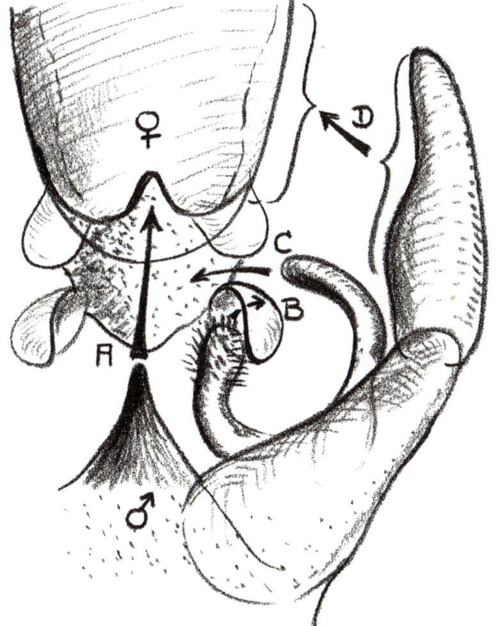

Sollbruchstellen bei Tieren

kommen häufig vor, beispielsweise in den Beinen der Weberknechte (Seite 26) und Krabben. Das vielbeinige, aber nur 2 cm lange, Ungetüm auf Seite 61 (es handelt sich um die zur Klasse der Hundertfüßler gehörende „Spinnenassel" *Scutigera coleoptrata*) wirft ähnlich den Weberknechten Beine ab, wobei dies wegen der vielen Beine weniger kritisch als bei den Weberknechten ist. Die biologische Bedeutung dieser Einrichtungen liegt wahrscheinlich darin, dass sich Fressfeinde mit einem abgeworfenen Bein oder Schwanz, der eine Zeitlang noch weiterzuckt, befassen, während das Tier flüchten kann.

Abgeworfener Schwanz der Eidechse

Die Wirbel des Eidechsenschwanzes zeigen in ihrer Mitte eine schwach verknöcherte Zone. Durch heftige, reflexartige Muskelanspannung kann der Schwanz an einer solchen Zone abbrechen, insbesondere, wenn man die Eidechse am Schwanz hochhebt. Ein Eidechsenschwanz wächst bekanntlich nach (Bild unten), er enthält dann aber keine ordentlichen Wirbel mehr, sondern nur noch eine nicht weiter differenzierte knorpelige Stützstruktur im Inneren. Auch die Schuppen sind anders ausgebildet, einfach und nicht mehr arttypisch gefärbt, wie die untenstehende Aufnahme zeigt. Ein zweites Mal kann ein solcher regenerierter Schwanz nicht abgeworfen werden.

Es gibt noch zahlreiche weitere Beispiele für Sollbruchstellen im Tierreich und auch im Pflanzenreich. So ist etwa bekannt, dass Ameisen-
und Termitenköniginnen nach dem Befruchtungsflug ihre Flügel abwerfen. Das geht innerhalb weniger Sekunden, und man vermutet,
dass spezielle Muskeln dafür verantwortlich sind.

Blatt-Trennung beim Weihnachtsstern

Viele Blätter, aber auch Zweige von Kräutern, Sträuchern und Bäumen, werden mehr oder minder regelmäßig abgeworfen. Zu diesem
Zweck werden spezielle Trennungszonen ausgebildet, die die Bruch-
stellen vor Austrocknung und Infektion durch Mikroorganismen schützen. Meist entsteht eine eigene Trennschicht, an der das Blatt oder
der Zweig abreißt. Dahinter hat sich eine Schutzschicht aufgebaut,
welche die oben genannten Funktionen erfüllt. Oft wird die Tren-
nungszone an der Basis des Blattstiels ausgebildet. Bei Zweigen ist
eine besonders komplexe Sollbruchstelle präformiert, das sogenannte Trenngelenk. In der Trennregion herrschen nur weiche Gewebe
vor; alle Verhärtungen und Verholzungen sind reduziert. Die Narben sind von außen gut sichtbar, insbesondere durch ihre hellbrau-
ne Färbung, die auf Korkeinlagerung in der Schutzschicht beruht

(zusätzlich werden noch Gummisubstanzen und die Holzsubstanz
Lignin abgelagert). Auch die kleinen Vernarbungen der Leitbündel
sind gut erkennbar. In ihnen wird ebenfalls ein Trenngewebe präformiert, und die entstehenden Öffnungen werden durch eine Art Stop-
fen (Thyllenbildung) verschlossen. Meist entsteht das Trenngewebe
schon bei der Entwicklung des Blattes oder des Zweiges, gelegentlich aber auch erst kurz vor dem Laubfall.

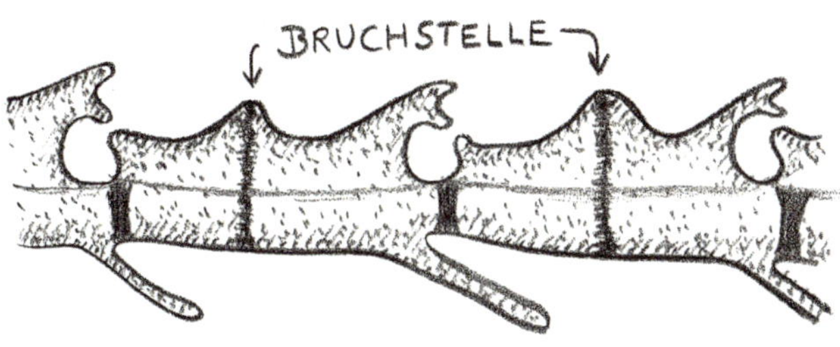

Vorderfüße von Maulwurf und Maulwurfsgrille

Das beste Beispiel für Grabschaufeln in der einheimischen Tierwelt gibt uns der Maulwurf (*Talpa europaea*). Die Vorderbeine sind kurz und sehr muskulös; die Füße sind fast kreisscheibenförmig abgeplattet, äußerst kräftig und mit breiten, lange Nägel tragenden Fingern ausgestattet.

Die Grabfläche wird noch verbreitert durch eine spezielle Verknöcherung neben dem Daumen, die praktisch wie ein sechster Finger wirkt. Die harten, im Querschnitt rundlichen Nägel nutzen sich stark ab, wachsen aber rasch wieder nach. Verblüffend ist die Schnelligkeit, mit der sich Maulwürfe in lockerem Boden eingraben – etwa drei Sekunden!

Äußerlich ähnliche Grabschaufeln trägt die Maulwurfsgrille (*Gryllotalpa gryllotalpa*) an den Vorderbeinen. Als Kriecher in engen Gängen, in denen er nicht wenden kann, muss sich der Maulwurf gleich gut vorwärts und rückwärts bewegen können. Das bedeutet, dass sich der Reibungswiderstand zwischen Fell und Röhrenwand beim Vorwärts- wie Rückwärtskriechen nicht unterscheiden sollte. Gleiches gilt für die Maulwurfsgrille, die auch ein feines, äußerst dichtes „Fell" aus haarartigen Chitinstrukturen aufweist. In der Tat besitzen beide Körperbedeckungen keinen „Strich" und erfüllen somit in funktionell identischer Weise die Forderung nach Reibungsgleichheit. Maulwurf und Maulwurfsgrille sind nicht miteinander verwandt, funktionelle Anforderungen erzwingen aber gleichartige Oberflächen-Bedeckungen, es sind dies „analoge Strukturen".

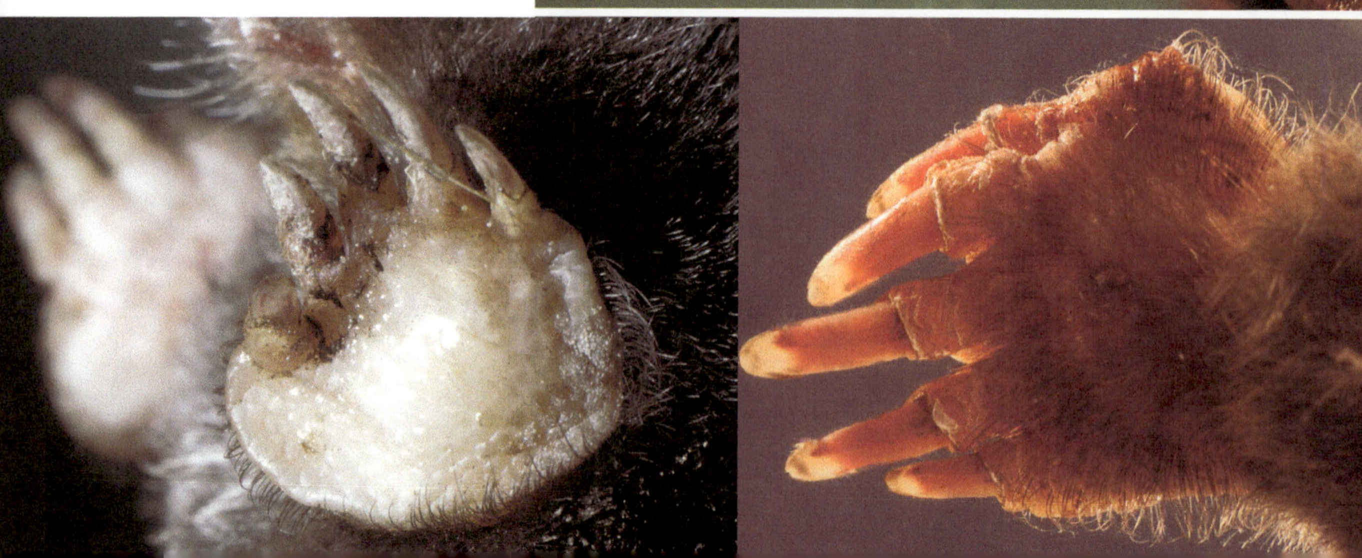

Grabbeine des Mistkäfers

Der Waldmistkäfer (*Geotrupes silvaticus*) trägt ein stark verbreitertes Schienenglied an den Vorderbeinen, mit einem halben Dutzend kräftiger, dornenartiger Auswüchse. Diese Käfer graben bis zu 50 cm lange Schächte in den Waldboden, in denen sie seitlich Eikammern anlegen. Mit ihren breiten Vorderbeinschienen arbeiten sie dabei den Sand frei und schieben ihn nach hinten; dort wird er von den Mittel- und Hinterbeinen erfasst und weitertransportiert. Wenn einiges Material angehäuft ist, dreht sich der Käfer in der Röhre um und schiebt den ganzen Haufen mit dem Kopf heraus. Der Kopf ist entsprechend abgeflacht und trägt seitliche Randwülste. Bei alten Tieren sind die Schienendornen stark abgenutzt. Sie wachsen, anders als die Nägel des Maulwurfs, nicht nach.

Die plump anmutenden Tiere sind überraschenderweise recht gute Flieger, was die Serienaufnahme mit 500 Bildern pro Sekunde (links) illustrieren soll: Ihre Flügel schlagen dabei ca. 60 Mal pro Sekunde und „Dumbo" kann fliegen!

„Sandreifen"

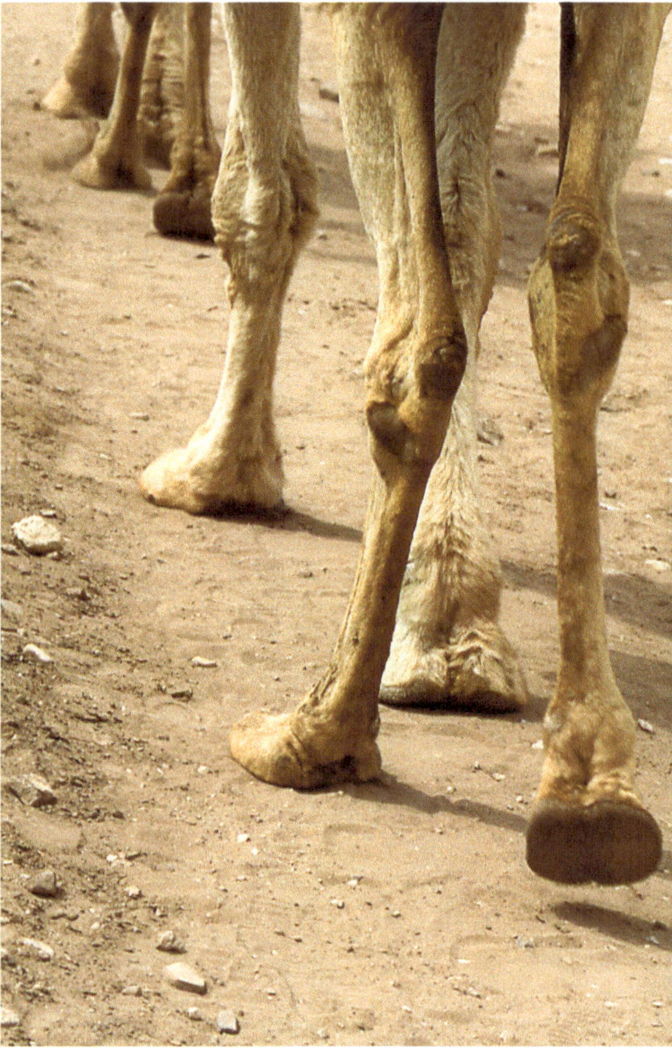

Füße der Kamele

Die Familie der Kamele, zu denen das Dromedar (*Camelius drome-darius*) und das Trampeltier zählen, gehört zur Ordnung der Paarhufer und dort zur Unterordnung der Schwielensohler. Von den fünf Gliedmaßenstrahlen sind nur noch der dritte und vierte erhalten; die Mittelfußknochen sind zum Teil verwachsen. Die beiden Zehen verbreitern sich in sehr ausgedehnte, elastische Sohlenkissen. Die verbreiterte Auflagefläche hat ihren guten Zweck: Sie senkt den Auflagedruck (Tiergewicht, bezogen auf die Auflagefläche) und verhindert, dass das Tier in lockerem Sandboden stark einsinkt. Dasselbe Prinzip findet man, in anderer Ausgestaltung, z. B. auch bei Elchen, die sich auf locker-schwammigem Boden fortbewegen. Technisch „nachgeahmt" wurde diese natürliche Erfindung erstmals durch die Schneereifen der Eskimos.

Stemmbein des Molukkenkrebses

Der Molukkenkrebs (*Limulus polyphemus*) ist in vieler-
lei Hinsicht eine höchst eigenartige Konstruktion der
Natur. Er gehört zu den Schwertschwänzen, primitiven
Gliedertieren, die Verwandtschaftsbeziehungen zu den
Spinnen und Skorpionen aufweisen. Diese – mit
Schwanzstachel bis zu 60 cm langen – Molukkenkreb-
se (die weder auf den Molukken vorkommen, sondern
an der Ostküste Nordamerikas, noch mit den Krebsen
verwandt sind – ein schönes Beispiel für sinnvolle Na-
mensgebung!) leben auf dem lockeren Schlamm der
Meeresböden. Auf diesem bewegen sie sich mit ihren
fünf von dem riesenhaften Rückenschild verdeckten
Laufbeinen behende vorwärts. Das letzte Beinpaar trägt
am vorletzten Beinglied abspreizbare Lamellen, die sich
beim Vorwärtsschieben automatisch spreizen – wie ein
Skiteller im Tiefschnee. So können sie das Bein durch
Druckverminderung auf der Schlammoberfläche halten.

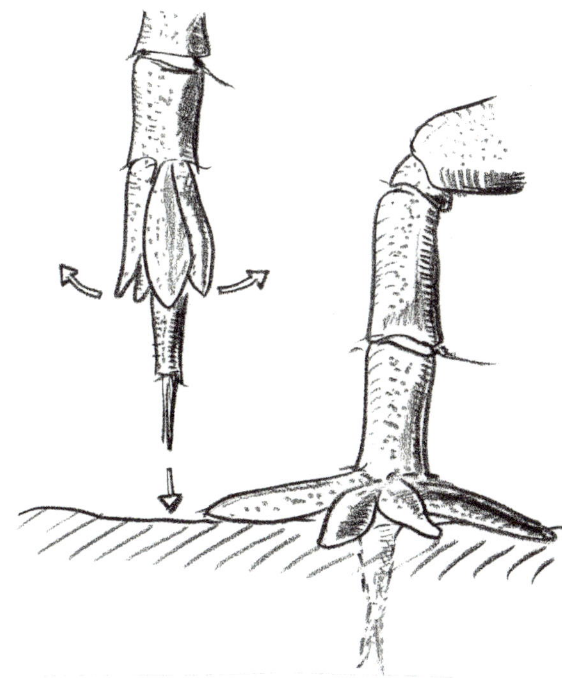

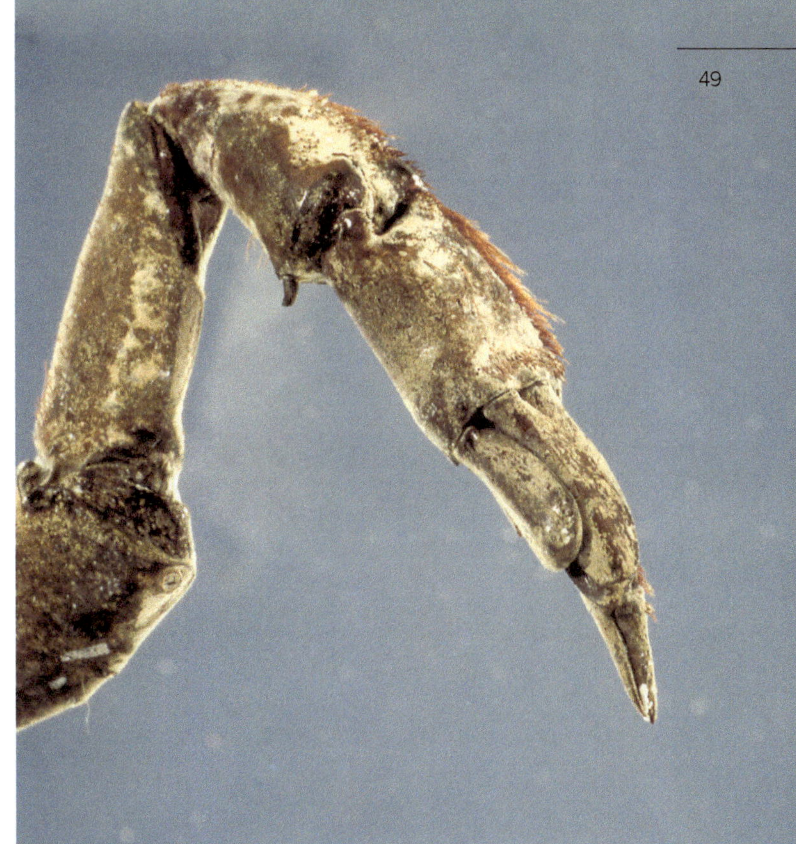

Bürsten

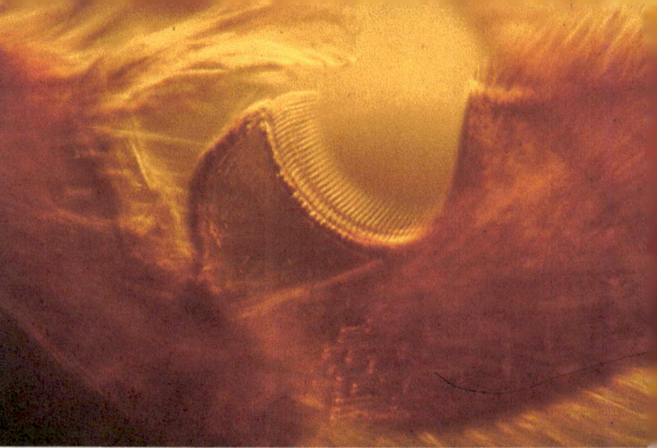

Grabbeine der Kreiselwespe

Die Kreiselwespe (*Bembix rostrata*) baut Gänge im lockeren Sand von Heideböden, in die sie Beutetiere hineinträgt. In Nordspanien haben wir diese gefährlich aussehende Grabwespe – die aber die Haut des Menschen nicht durchstechen kann – große Rinderbremsen fortschleppen sehen. Die durch Giftwirkung auf das zentrale Nervensystem unbeweglich gemachte, aber nicht abgetötete Beute wird mit einem Ei versehen. In ihrer Erdkammer nährt sich die ausgeschlüpfte Wespenlarve vom Gewebe des Beutetiers. Die Kreiselwespe verschließt vor jedem Abflug sorgfältig die Mündung ihrer Erdröhre und gräbt sie bei der Ankunft mit Beute wieder auf. (So wird es es in der Literatur beschrieben; oft lässt die Wespe aber auch die Röhren offen stehen.) Mit Hilfe ihrer äußerst kräftigen Vorderbeine, an deren verbreiterten Fußgliedern lange Grabborsten stehen (unteres Bild), schafft die Wespe mit heftigen, gleichzeitig nach hinten führenden Schubbewegungen in verblüffend kurzer Zeit so viel Sandmaterial beiseite wie ihr Körper Volumen ausmacht. Die Steinchen fliegen dabei mehr als 10 cm weit. Kaum unterscheidbar sind die dornenbesetzen Grabbeine der einheimischen Sandlaufkäfer.

Mit bürstenartigen Kämmen in der Vorderregion verhaken sich die Flöhe im Haarwald ihrer Wirtstiere. Halbrunde Bürstenkämme besitzt die Honigbiene am Vorderbein. Hier werden die Fühler durchgezogen, um sie von anhängendem Blütenstaub zu reinigen.

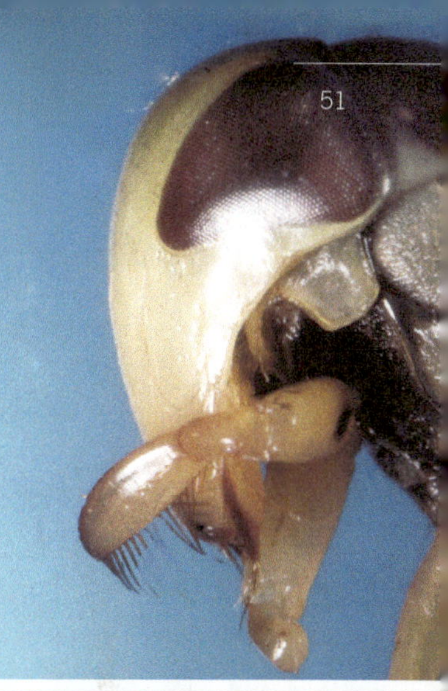

Vorderende einer Wasserzikade

Im Wasser lebende Wanzen der Familie der „Wasserzikaden" (Corixidae) besitzen an ihren Vorderbeinen nur ein einziges Fußglied. Dieses ist wie ein kleiner Löffel gebaut, ausgehöhlt und trägt eine randständige Beborstung. Damit schaufeln die Tiere rasch die weiche Schmutzoberfläche der Bodengründe auf und sieben feine Schmutzpartikelchen aus, während die größeren Bestandteile, darunter auch die Beute (kleine Wasserflöhe, Tubifexlarven und ähnliches), gegen die Stechborstenrinne geschoben werden. Mit ihrer Stechborstenspitze zersäbeln die Tiere die Beute, während sie von den Vorderbeinlöffeln angedrückt wird, und saugen sie dann aus. Sie fressen aber auch zarten Aufwuchs, den sie mit ihren Löffelbürsten von Wasserpflanzen abstreifen.

Die mächtigen Rückenschwimmer (Notonectidae) hängen bauchoben an der Wasseroberfläche; am Vorderende tragen sie einen gegen die Brustregion eingeklappten Saugrüssel (siehe auch oben links).

Bauch- und Beinsammler

Sammelapparat bei Bauchsammlern

Das Pollensammeln mit der Bauchbehaarung stellt wohl die ursprünglichste Möglichkeit dar, Blütenstaub einzuheimsen. Das Insekt braucht ja nur in die Blüte hineinzukriechen; die „Einpuderung" erfolgt dann zwangsläufig.

Zu den Bauchsammlern unter den solitären oder dicht an dicht (kolonial) siedelnden Bienen gehört die ursprüngliche Familie der Blattschneiderbienen (Megachilidae). Die Tiere heißen so, weil sie mit den Mandibeln herausgeschnitte Blattstücke eintragen und zum Ausbau ihrer Bruttöpfe oder -röhren verwenden. Dazu gehören die Mauerbienen (Gattung *Osmia*), die eigentlichen Blattschneider (Gattung *Megachile*), die Mörtelbienen (Gattung *Chalicodoma*) und andere.

Ihnen allen ist gemeinsam, dass die Pollenkörner zwischen den bürstenartig dicht stehenden, schräg nach hinten gerichteten Haaren der Hinterleibs-Unterseite hängenbleiben. Ihre Hinterbeine sind stark behaart, und in diesem Haarwald, wie in der Bauchbehaarung, wird der Pollen zum Nistplatz getragen.

Links sieht man oben ein *Megachile*-Männchen – erkennbar an den stark beborsteten Vorderbeinen, mit denen es dem Weibchen bei der Paarung die Augen abdeckt, damit es nicht davonfliegt. Unten sind zwei Weibchen im Wettstreit um Pollen mit einer Hummel zu sehen.

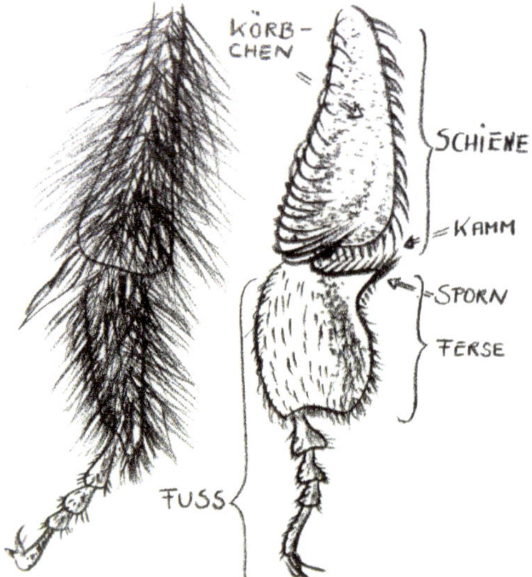

Skizze: Hinterbein einer Beinsammlerin (*Panurgus*) vs. Hinterbein einer Körbchensammlerin (Honigbiene)

Sammelbein der Honigbiene

Das Hinterbein der Honigbiene (*Apis mellifera*) ist der wohl am höchsten ausgebildete (und bestbekannte) Pollensammelapparat bei Insekten. Weniger hoch organisierte Bienen können auch Pollen sammeln, entweder dadurch, dass sie sich mit der stark behaarten Bauchseite in Blütenstaub wälzen (Bauchsammler), oder dadurch, dass sie Pollen mit den behaarten Hinterbeinen aufnehmen (Beinsammler, beispielsweise die Gattung *Panurgus*, s. Skizze).

Bereits bei den relativ primitiven Beinsammlern fällt auf, dass das erste Fußglied stark vergrößert ist. Bei den Honigbienen ist dies ins Extrem getrieben. Die Skizze zeigt das Hinterbein: Die Schiene des Beins ist außen eingebuchtet und mit einem Borstenkranz korbartig umstanden. Hier wird die Pollenmasse abgelagert und transportiert; man nennt diese Einrichtung „Körbchen". Das stark verbreiterte erste Fußglied, „Ferse" genannt, trägt innen eine Reihe feiner, parallel verlaufender Borsten, die sogenannte „Pollenbürste". Oben läuft es in einen seitlichen Sporn aus, der seitlich stark beborstet ist und gegen einen noch massiveren Pollenkamm der Schienenunterseite gerichtet ist.

Nachdem die Biene sich an Bauch und Beinen mit Pollen eingepudert hat und zur nächsten Blüte fliegt, „höselt" sie. Das heißt, sie bürstet den Pollen als „Höschen" in die Körbchen auf der Schienenaußenseite. Dies geht sehr rasch vor sich. Mit den Innenseiten der Hinterbeine kehrt die Biene den Pollen zunächst so weit zusammen, bis er auf der Innenseite der Fersenglieder angehäuft ist. Dabei mischt sie ihn mit etwas Honig, den sie aus ihrem Honigmagen erbricht. Die leicht klebrige Pollenmasse wird nun dadurch von der Innenseite der Ferse auf die Außenseite der Schiene in die Körbchen gebracht, dass die Biene die Hinterbeine gegeneinander streift, so wie wir die Hände mit gespreizten Fingern gegeneinander bewegen können, wobei jeweils die Finger der einen Hand in die Fingergruben der anderen rutschen. Bei der Biene bilden die an der Unterkante der Schiene sitzenden steifen Dornen des Pollenkamms die „Finger", die den Pollenbesatz von der Pollenbürste auf der Innenseite der gegenüberliegenden Ferse abstreifen. Dadurch kommt er automatisch von der Innenseite eines Beins auf die Außenseite des gegenüberliegenden. Ein höchst erstaunliches Zusammenspiel zwischen morphologischen Strukturen, bewegungsphysiologischen Einrichtungen und biologischen Verhaltensweisen.

Staubfilter und Dichtungsstreifen

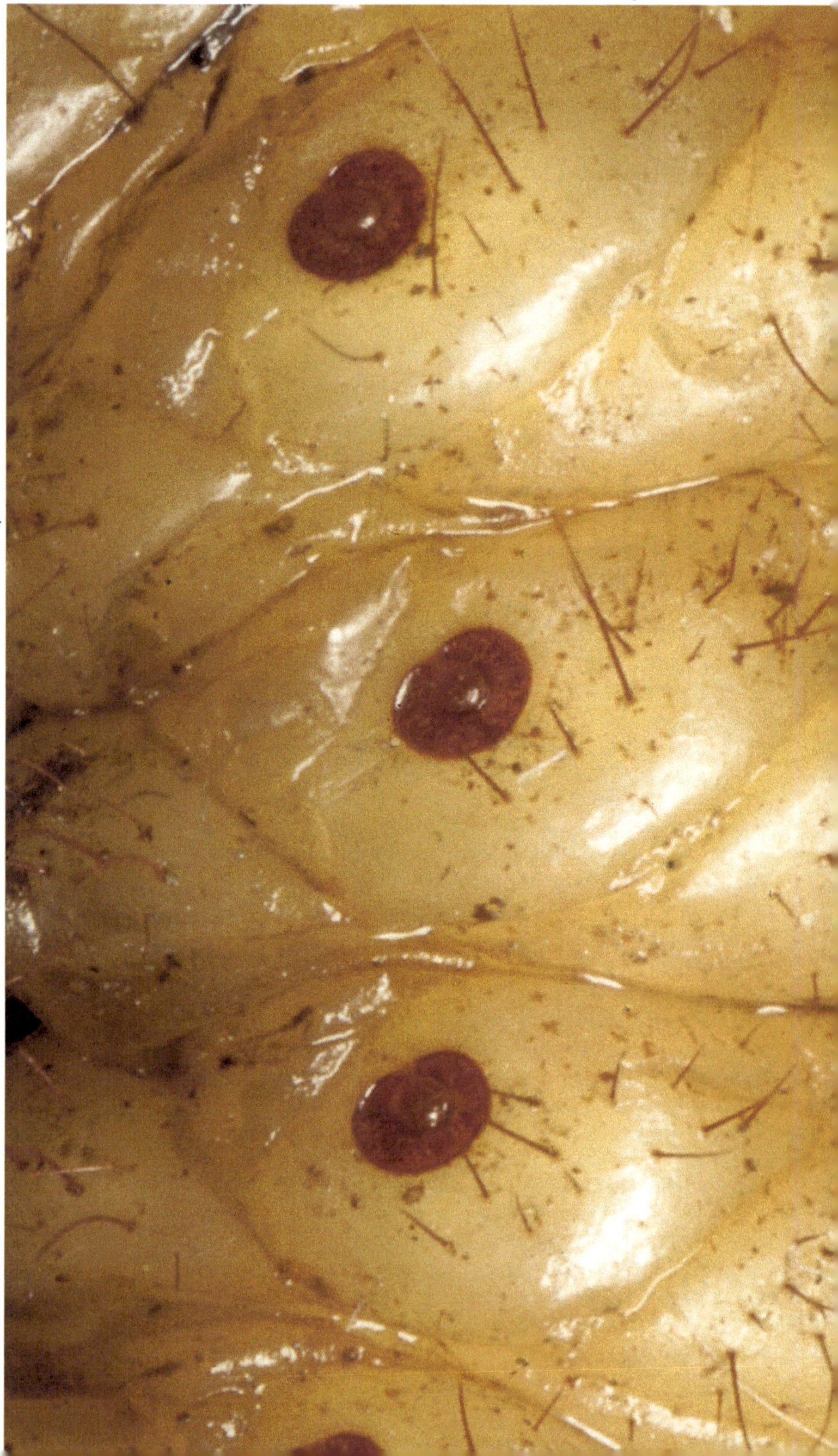

Atemöffnungen einer Käferlarve

Die Engerlinge, die unterirdisch lebenden Larven der Maikäfer, tragen auffallend große Atemöffnungen ihres Tracheensystems an den Seiten der einzelnen Hinterleibsringe. Diese knapp millimetergroßen, ovalen Gebilde sind mit Staubreusen versehen, die – ähnlich den Ölfiltern bei Kraftfahrzeugen – das Eindringen von Fremdkörpern in das luftführende System verhindern. Die Skizze zeigt einen Ausschnitt dieses Filtersystems an der langgestreckten Atmungsöffnung auf dem Hinterleib des Gelbrandkäfers (*Dytiscus marginalis*). Diese Öffnungen münden in die Luftblase unter den Flügeldecken. Die bäumchenartig beborsteten Vorsprünge stehen so nebeneinander, dass die Filterborsten der verschiedenen Einheiten einander nahekommen.

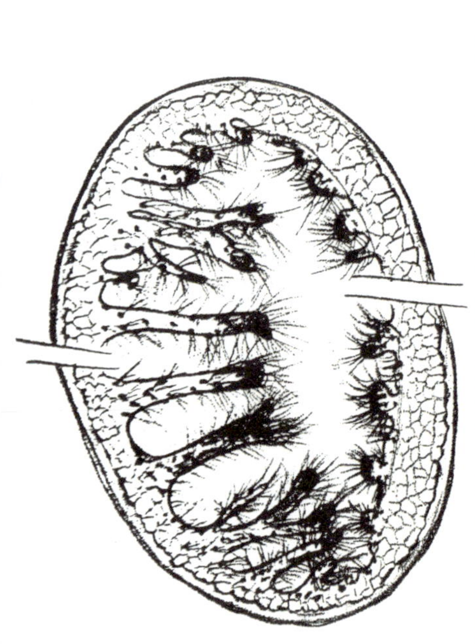

Flügeldecke beim Rosenkäfer

Die Rosenkäfer (Cetoniidae) sind unter anderem dadurch charakterisiert, dass sie ihre Flügeldecken beim Flug nicht öffnen. Beim Maikäfer oder Marienkäferchen etwa schwingen die schräg aufgestellten Flügeldecken im Rhythmus des Flügelschlags ein wenig mit und erzeugen auch einen geringen Anteil der Luftkräfte. Anders bei den Rosenkäfern. Hier rutschen die Flügelbasen aus seitlichen Aussparungen heraus, und die Flügel arbeiten im Freien, während die Flügeldecken geschlossen bleiben.

Die am oberen Bild gut erkennbaren Aussparungen sind mit einem zarten Saum randständiger, feinster Haare „bewimpert". So wird das Eindringen von Staub- und Fremdkörpern erschwert. In ähnlicher Weise sorgen gegeneinander gerichtete Bürsten dafür, dass Längsschlitze in technischen Geräten staubgesichert werden, beispielsweise bei Handbremsen von Autos oder Armaturhebeln in klassischen Flugzeugcockpits.

Wenn sich die Flügeldecken beim Abflug nicht erst öffnen und positionieren müssen, spart das Zeit. Rosenkäfer können deshalb blitzartig starten. Möglicherweise ist das ein evolutionärer Vorteil; während des „Startvorgangs" ist ein Insekt üblicherweise einem zustoßenden Vogelschnabel ungeschützt ausgeliefert.

Fangreusen der Kriebelmückenlarven

Die Larven der Kriebelmücken (Simuliidae, Melusinidae) leben vor allem in Wiesenbächen, wo sie fest angeheftet auf stark umspülten Steinen sitzen. Auf ihren Oberlippen tragen sie reusenartig ausgebreitete Haare, die sogenannten Oberlippenpinsel, die sie eine Zeit lang in die Strömung stellen. Feine, von der Strömung mitgerissene Partikelchen – Schmutzteilchen, Bakterien und anderes – bleiben daran hängen. In unregelmäßigen, größeren Abständen schlägt die Larve ihre beiden Reusen zurück und kämmt sie mit den borstenbesetzten Kiefern aus. Im Experiment hat man solchen Larven in einem Strömungskanal eine Suspension angefärbter Bakterien geboten. Hungrige Larven mit leeren Därmen hatten innerhalb einer halben Stunde den Darm mit den rotgefärbten Bakterien vollgestopft, gleichgültig, wie groß sie waren.

Die Filterborsten dieser Mücken und die Schwimmborsten, etwa bei Wasserkäfern (S. 94), sind im übrigen strömungsmechanisch hochinteressante Gebilde. Sie können, etwas auseinandergezogen, als Reusen wirken, etwas zusammengerückt dagegen wie ein festes Paddel. Diesen physikalischen Effekt nutzt die Evolution weidlich aus, sowohl bei Süßwasser- als auch bei Meerestieren.

Die Kriebelmücken-Larven sitzen gerne auf Blättern von überhängenden Pflanzen, die ins Wasser tauchen. Mit ihren großen Fächern erzeugen sie einen beachtlichen Strömungswiderstand, über den sie leicht abgerissen werden könnten. Dem arbeiten sie mit einer speziellen Anheftungs-Struktur entgegen. Zuerst spinnen sie ein feinkräusliges Gespinst an das Blatt. In diesem verankern sie sich mit einem hufeisenförmigen Haftorgan von feinsten Haken, das am entgegengesetzten Körperende ausgebildet ist.

Die Weibchen der ausgewachsenen Kriebelmücken sind gefürchtet, weil sie schlecht heilende, eitrige Bisswunden verursachen können. In Finnland beispielsweise treten die Kriebelmücken in riesigen Scharen auf und können Mensch und Tier das Leben zur Hölle machen.

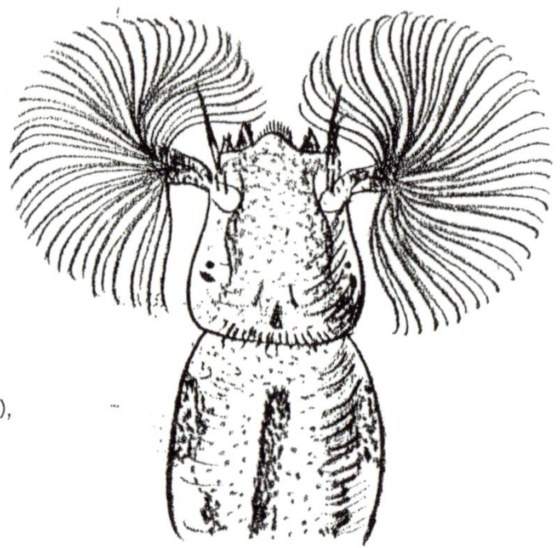

Futtersieb und Greifbesen

Fächergarnelen (Bilder unten), hier *Atyopsis spinipes*, bewohnen tropische Bäche mit starker Strömung und filtern ähnlich den Kriebelmückenlarven mit einem Filtersieb Nahrungspartikel aus dem vorbeiströmenden Wasser.

Wenn die Strömung zu schwach ist oder aber zu wenige Partikel im Wasser sind, wird das Futtersieb zum Greifbesen umfunktioniert, um dann am Boden liegende Nahrungspartikel aufzunehmen.

Filtersystem bei Würmern

Röhrenwürmer – im oberen Bild gezeigt ist die besonders schöne Art *Spirographis spallanzanii* – leben in selbst gefertigten Röhren auf dem Meeresboden.

Der Wurm besitzt zwei Tentakelträger, von denen einer recht lang ist und in fünf bis sechs Spiralwindungen etwa 200 bis 300 Tentakel abstreckt. Die knapp zentimeterdicke Röhre steckt im Schlamm oder wird an Steinen angeheftet; in ihr steckt der Rest des regelmäßig segmentierten Wurmkörpers mit 100 bis 300 Segmenten. Jeder Tentakel trägt viele feine Fortsätze mit schlagenden Wimpern. Diese strudeln Wasser in den Tentakeltrichter. Dabei werden feinste Schwebeteile aussortiert, in klebrigem Schleim eingebettet und zur Mundöffnung transportiert.

Borstenkränze wirken wie Reusen bzw. Paddel

Eine Reuse besteht aus nicht zu eng stehenden Borsten. Sie soll Flüssigkeitsströme mit Feinpartikeln durchlassen, gröbere Partikel jedoch nicht. Diese Rolle erfüllen die Borstenkränze der genannten Würmer aufs Beste. Sie führen die Strömung so, dass mitgeführte Plankton-Partikel an die Räder getrieben werden, wo sie an feinsten Fanghaaren hängen bleiben. Die Borstenkränze werden nicht hin und her geschwungen wie ein Fangnetz, sondern werden ruhig gehalten, wiegen sich höchstens in der Strömung. Langsame Strömungen sind praktisch immer vorhanden. Anders die Paddel. Wenn die Borsten so eng stehen, dass dazwischen nichts mehr durchströmen kann, wirken sie wie eine Festfläche. Wird diese paddelartig schnell bewegt, kann sie Vortrieb erzeugen, wie das schwimmhaarbesetzte Wasserkäferbein von Seite 94. Die Evolution hat es also „in der Hand" sowohl den einen wie den anderen Mechanismus Wirklichkeit werden zu lassen, einfach durch größeren oder kleineren Abstand einzelner borstenartiger Elemente.

Erdbohrer

Legebohrer eines Heuschreckenweibchens

Die Weibchen der Laubheuschrecken legen ihre Eier meist in lockere Erde ab. Dazu benützen sie „Legesäbel", ein meist leicht geschwungenes, kräftiges, säbelscheidenartiges Instrument mit sehr harten, chitinösen Strukturen am Ende. Sie drücken diesen Legebohrer in die Erde und lassen durch ihn ein Ei austreten. Für das nächste Ei wird üblicherweise ein neues Loch gestochen. Es gibt auch Arten, die mit speziellen schmalen Legeapparaten ihre Eier in Pflanzenteile einstechen können.

Die Weibchen der Feldheuschrecken dagegen fahren durch Erhöhung des Innendrucks ihren Hinterleib bis auf das Doppelte der Länge aus und bohren sich damit Höhlen für ihre Eipakete. Solche hydraulischen Mechanismen wurden auch auf den Seiten 12 bis 21 vorgestellt.

Beim Weibchen links sieht man, dass der Legesäbel eigentlich aus vier Teilen besteht.

Sprießender Riesenschachtelhalm als „Erdbohrer"

Die Sprossen der Schachtelhalme durchbrechen in einer Art gestauchtem Zustand die Erde; ihre einzelnen Abschnitte verlängern sich dann durch bald einsetzendes Wachstum beträchtlich.

Der „Erdbohrer" des Riesenschachtelhalms (*Equisetum telmateja*) misst einen knappen Zentimeter im Durchmesser und ist, seiner Funktion entsprechend, spitzkonisch gestaltet. Sprossen oder Blätter von Pflanzen, die die Erde durchbrechen, können bedeutenden Druck ausüben. So können Pflastersteine oder Platten von Gehwegen angehoben, ja selbst dicke Teerschichten durchbrochen werden. Die dabei erreichten Drücke können ein Vielfaches des Luftdrucks betragen, der zum Beispiel im Inneren der Reifen eines großen Lasters herrscht. Im Gegensatz zu den „Sandreifen" (Seite 48) sind die Erdbohrer so gestaltet, dass die Schubkräfte auf eine möglichst kleine Fläche konzentriert werden. Dadurch entstehen hohe Drücke.

Bewegliche Legebohrer und Giftstachel

Riesenschlupfwespe

Die wohl größte unserer einheimischen Schlupfwespen ist die Riesenholzwespen-Schlupfwespe (*Rhyssa persuasoria*). Sie kann mitsamt ihrem körperlangen Legebohrer 7 cm lang werden und ist, so betrachtet, auch eines unserer größten einheimischen Insekten. Vom Körperumfang her noch größer ist die Riesenholzwespe (*Urocerus gigas*). Das Weibchen schiebt seine Eier mit einem Legebohrer zentimetertief ins Holz, in dem sich dann die Larven entwickeln. Die Riesenschlupfwespe versteht es nun, diese im Holz nagenden Larven mit den Fühlern zu orten. Sie bohrt dann – oft länger als eine Viertelstunde und zentimetertief – ihren Legebohrer durch das Holz, sticht die Holzwespenlarve zielsicher an und legt ein einziges Ei hinein. Dabei wird der Hinterleib in charakteristischer Weise angehoben, und die beiden Scheiden des stahlharten, trotzdem hauchzarten Legebohrers sind abgespreizt. Der Bohrer selbst besteht aus zwei Hälften, die mit Hilfe einer speziellen Muskulatur sehr rasch gegeneinander bewegt werden und sich so ins Holz bohren. Sie gleiten beim Vorwärtstreiben randständig falzartig aneinander.

Besonders deutlich ausgebildete Falze tragen auch die Legebohrer der Laubheuschreckenweibchen, wie auf Seite 58 geschildert.

Die Skizze zeigt Teile des Legebohrers einer Gewächshausschrecke (*Dolichopoda palpata*): Bei der Eiablage gleiten drei Doppelelemente in recht fein ausgebildeten Schwalbenschwanzführungen gegeneinander.

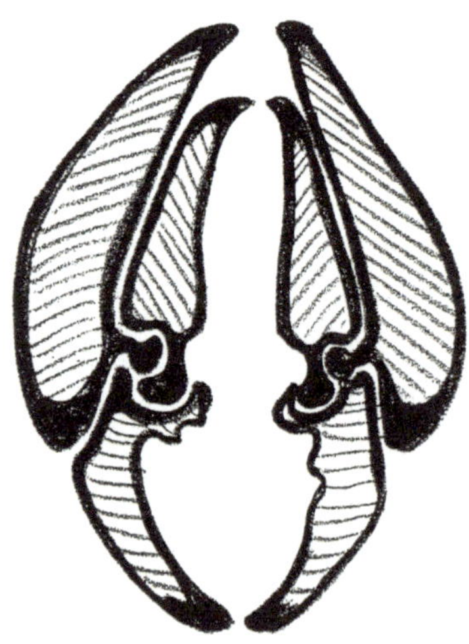

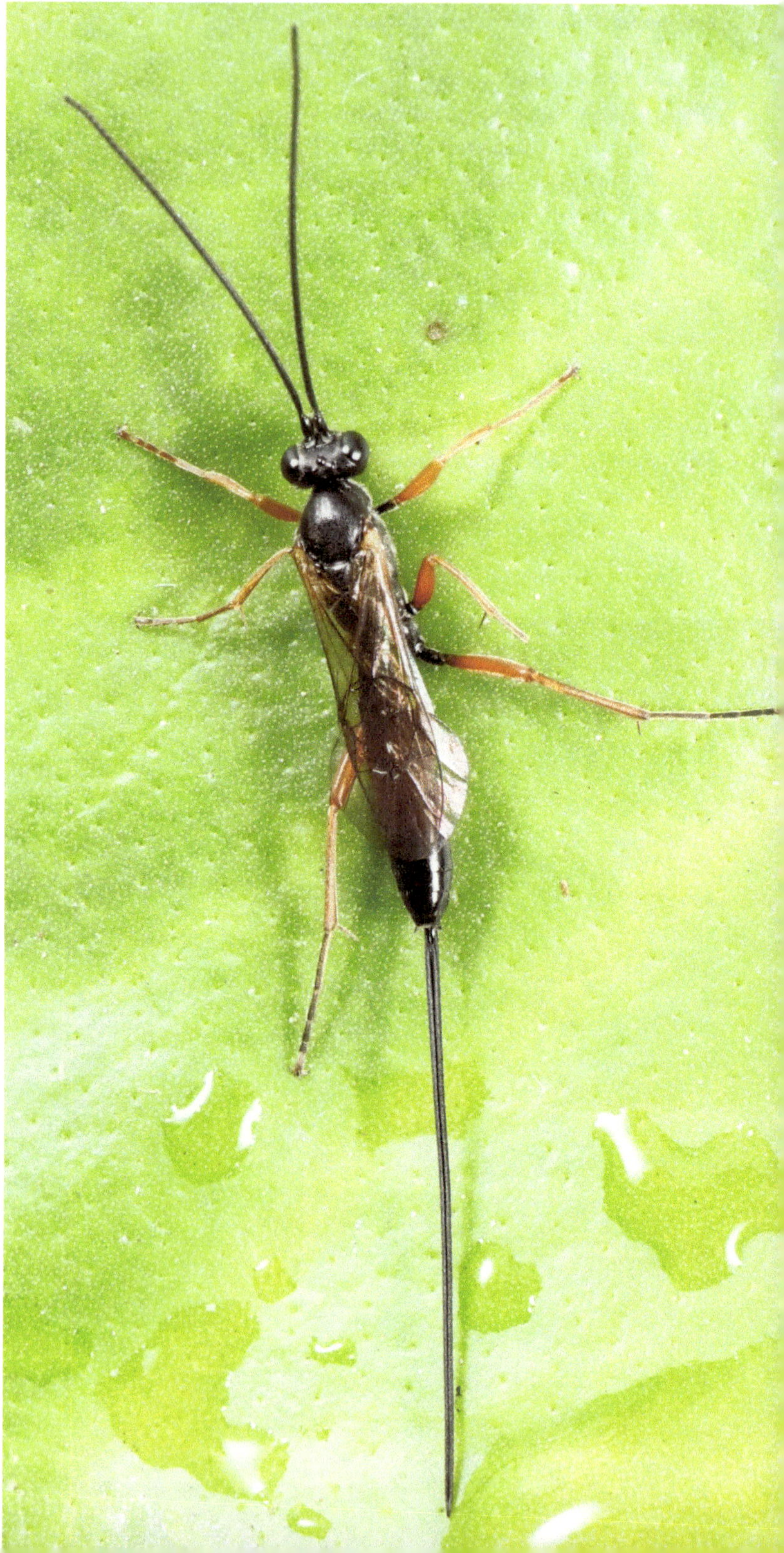

Bienen- und Wespenstachel

Die Stacheln der Wespen und Bienen sind umgewandelte Eilege-
apparate; die Giftdrüsen der Stechimmen sind in evolutiver Umwid-
mung vermutlich aus Drüsen hervorgegangen, die bei anderen Hautflüglern die Eier mit einer Gleitschicht umgeben. (Eine ähnliche Funk-
tionswandlung findet sich bei den Giftdrüsen der Schlangen: Bei den
nichtgiftigen Arten geben diese Drüsen einen speziellen Speichel ab,
der das Beuteschlucken fördert.)

Die Stechapparate der Hautflügler sind recht komplex gebaut, auch
die mechanische Funktion ihres Vorstreckens und der vibrierend
schnell gegeneinander bewegten und sich so rasch in die Haut ein-
bohrenden Spitzenteile ist mit wenigen Worten nicht zu schildern.
Die Spitzen dieser Stechborsten weisen oft eine spezielle, familien-
typische Ausgestaltung auf. Die Skizze zeigt die Stechborstenspitze einer Wespe. Die beiden Borsten sind gezähnt und arbeiten in
parallelen Führungsnuten eines gemeinsamen Führungsstücks, der
Stachelrinne, gegeneinander. Dazwischen bleibt ein durch Gleitfalze
abgeschlossener Hohlraum frei, durch den das Gift gepumpt wird.
Eine Stechborste ist zum Giftaustritt seitlich etwas ausgebuchtet. Die
Spitzen der Giftstachel sind feiner als die feinsten Injektionskanülen;
Spitzendurchmesser unter einem hundertstel Millimeter werden erreicht.

Ähnlich dünn sind die Brennhaare von Brennnesseln (Seite 68) und
die Gifthaare mancher Schmetterlingsraupen.

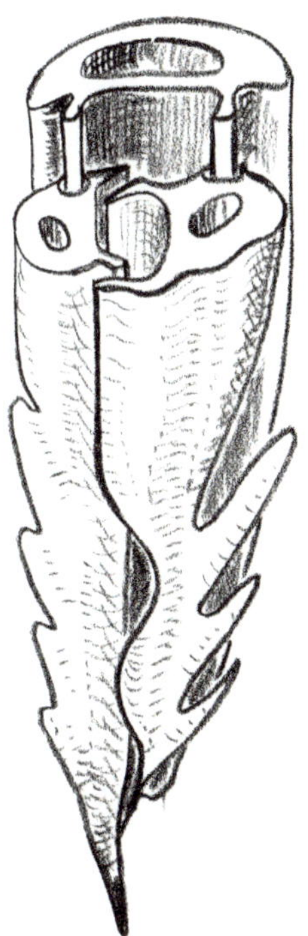

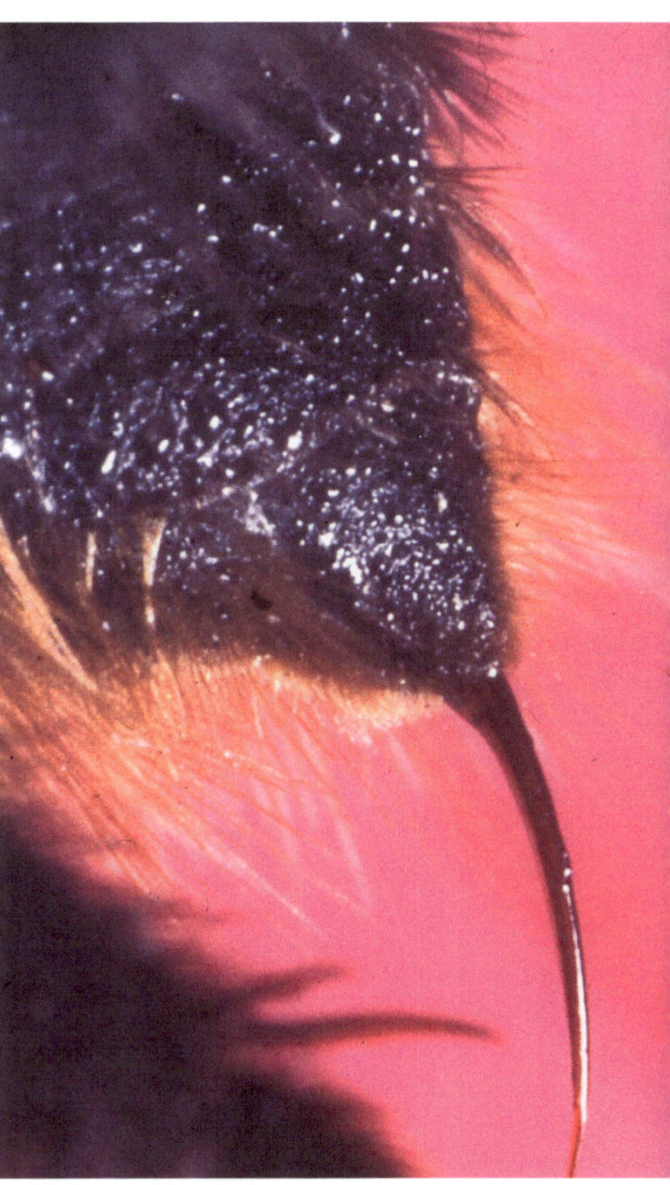

G. Glaeser, W. Nachtigall, *Die Evolution biologischer Makrostrukturen*, https://doi.org/10.1007/978-3-662-57826-1_3

3 Greifen, Dehnen, Falten

Nahrung greifen, verstauen, unterbringen

Bei der Fortbewegung und beim Nahrungserwerb spielt das Prinzip „Greifen" eine zentrale Rolle. Man denke an das Hangeln eines Orang-Utans im Zweiggewirr oder an das blitzartige Beutegreifen einer Gottesanbeterin. Aufgenommene Nahrung muss verstaut werden, wofür sich Behälter dehnen. Momentan nicht gebrauchte Strukturen müssen auch irgendwie untergebracht werden; oft werden sie dafür zusammengefaltet, wie etwa die häutigen Flügel von Käfern.

Greifwerkzeuge

Mundgliedmaßen

Mundgliedmaßen oder Vorderbeine sind das geeignete Rohmaterial der Evolution für die Entwicklung spezieller Werkzeuge, die der aktiven Auseinandersetzung mit der Umwelt dienen. Das ist deshalb der Fall, weil sie sozusagen bereits an der richtigen Stelle sitzen, nämlich am Vorderende des Körpers. Hier wird der Träger am ehesten mit belebten oder unbelebten Elementen seiner Umwelt in Kontakt kommen. Und wenn diese nicht neutral sind, etwa Steinchen, die es zu umgehen gilt, sind sie entweder als Nahrung geeignet und können geprüft und aufgenommen werden oder es sind Feinde, die es zu bekämpfen gilt. Der Prüfung dienen die oft sehr langen Fühler, die den Raum vor den Greifwerkzeugen abtasten können. Die Greifer selbst sind in oft abenteuerlicher Weise ausgestaltet, beispielsweise als Klammerbeine oder Beißklauen. Im Bild unten ist eine Geißelspinne (Amblypygi) zu sehen, deren zu Fangzangen umgewandelte Pedipalpen mit mächtigen Haltedornen besetzt sind und taschenmesserartig eingeklappt werden können.

Rechte Seite:

Die gegenüberliegende Seite zeigt zwei Typen von Halte-, Beiß- und Zerkleinerungswerkzeugen bei Ameisen und Käfern. Die Ameisenkiefer sind an der Basis breit und kräftig bedornt. Sie dienen nicht nur der Nahrungsaufnahme und der Wehr, sondern auch dem Festklemmen der Ameise selbst, beispielsweise an einem Blattrand oder am Bein einer anderen Ameise beim „Brückenbau". Schließlich die-

nen sie dem Festhalten von Beute, die oft über längere Strecken zum Bau gezerrt wird. Sie können im Allgemeinen um etwas über 90° geöffnet werden. Anders die Kiefer von Sandlaufkäfern der Gattung *Cicindela*. Diese laufen in dolchartige Spitzen aus. Wenn der Käfer eine geeignete Beute ergreift, zwängt er sie rundum richtiggehend ein und beginnt sofort mit der Mahlzeit. Transportwerkzeuge sind diese Kiefer nicht, aber mächtige Fang-, Halte- und Zerkleinerungspparate. Sie können beim Fang sehr weit geöffnet werden und überlappen sich beim Zusammenlegen mit den Spitzen deutlich. Kiefermuskel können gehörige Kräfte entwickeln. Dies lässt die Larve eines Mondhornkäfers erkennen, die sich schmerzhaft an einem Daumen festbeißt.

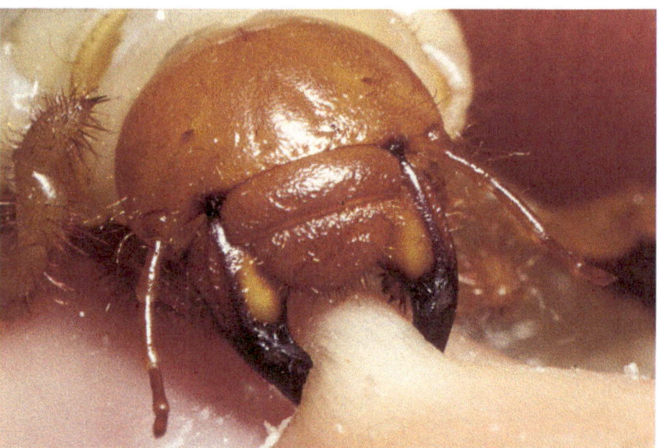

Brennhaare der Brennnessel

Die bereits mit bloßem Auge gut sichtbaren Haare bestehen aus einer einzigen Zelle, die mit dem unteren Ende in einer mehrzelligen Kappe der pflanzlichen Oberhaut sitzt. Nach oben zu verjüngt sich die Haarzelle auf weniger als einen Hundertstel Millimeter Durchmesser. Während sie an der Basis verkalkt ist, ist das obere Ende durch eingelagerte Kieselsäure verhärtet. Die Haarspitze endet in einem feinen Kügelchen, das mit einer präformierten Bruchstelle (Seite 44) ansitzt, bei der geringsten Berührung schräg abbricht, sodass die Haarzelle an eine moderne, allerdings extrem feine, Injektionsspritze erinnert. Das Gift des Brennhaars steht unter dem Überdruck der etwas elastischen Basis und läuft deshalb nach dem Abbrechen der Spitze zum Teil aus. Es enthält eine ganze Reihe chemischer Verbindungen, beispielsweise Ameisensäure. In den Tropen gibt es Gattungen der Brennesselgewächse, die sehr viel giftiger sind als unsere einheimischen Arten.

Zum Vergleich: Borstenhaare der Fliege

Interessant ist der Vergleich der Brennhaare mit den Borsten auf dem Rückenschild der mit abgebildeten Fliege. Sie sind noch deutlich feiner. Insgesamt bilden sie ein System von „Rechen", welches die Umströmung des Fliegenrumpfes günstig beeinflusst. Manche sind auch inerviert und melden Turbulenzen an das Nervensystem.

Saugkiefer des Ameisenlöwen

Der Ameisenlöwe ist die Larve der Ameisenjungfer *Myrmeleon formicarius*, eines einheimischen Netzflüglers (siehe unten). Er baut spitze Sandtrichter mit mehreren Zentimetern Durchmesser (rechts), an deren Grund er sich im Sand eingräbt. Nur die gewaltigen Saugkiefer schauen ein wenig heraus. Wenn eine Ameise oder ein anderes Kleintier in den Trichter purzelt, packt er zu, zieht es hinunter und saugt es aus. Seine Saugapparate sind spezialisierte Oberkiefer. Sie sind von einer feinen Röhre durchzogen, die an der Spitze endet. Durch diese wird ein giftiges Sekret in die Beute eingespritzt und der Inhalt schließlich auch aufgesogen. Die Zangen tragen nach innen gerichtete, starke Borsten. Zusammen mit dem Kopf dienen sie so auch als Sandschaufel und Schleuder. Die Evolution hat hier in biologisch typischer Weise ein Vielfachinstrument geschaffen. Bezeichnenderweise benutzt sie dazu keine neu zu entwickelnden Elemente, sondern stützt sich auf bereits Vorhandenes, das sie umfunktioniert.

Greif- und Schabapparate

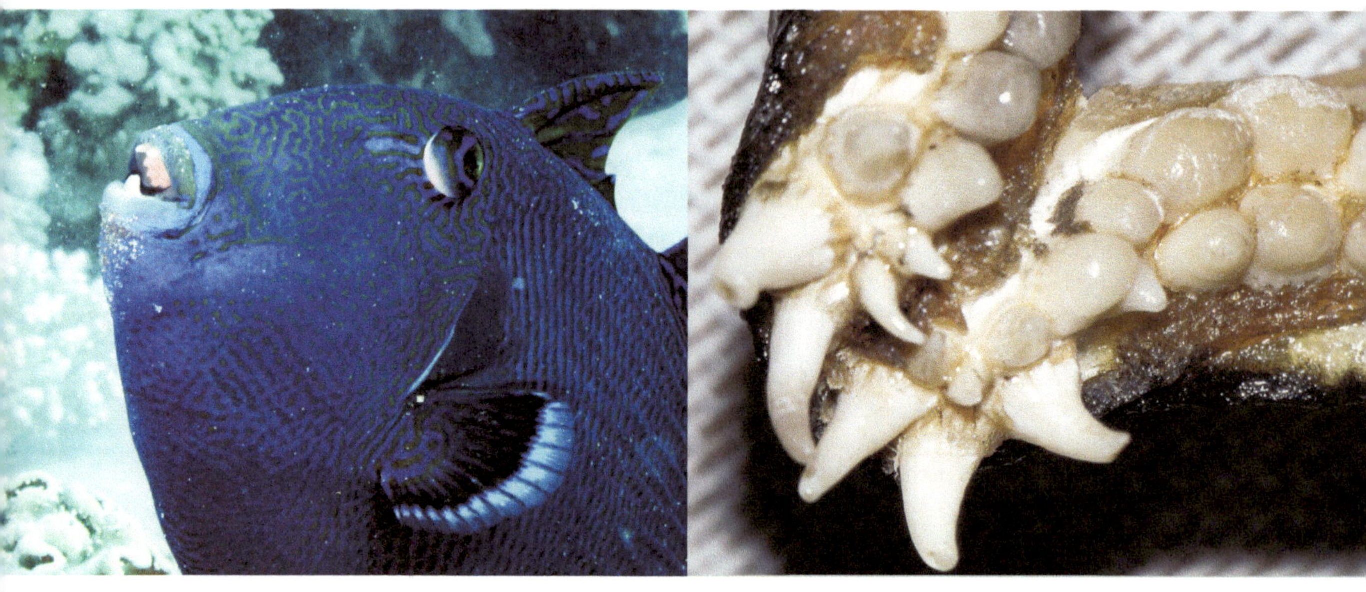

Zähne eines Lippfisches

Die meeresbewohnenden Lippfische (Labridae) besitzen im Allgemeinen ein eher kleines Maul, das aber häufig vorstreckbar ist, und aus dem kräftige Zähne blecken. Diese sind kegelförmig geformt und sitzen in einer oder in zwei Reihen auf Ober- und Unterkiefer. Weiter hinten in der Mundhöhle sitzen polsterförmige Mahlzähne. Manche Arten knacken bevorzugt Muscheln und Schnecken. Diese nehmen sie erst einmal in die Mundhöhle auf. Am Zwischenkiefer sitzt ein starker, gebogener Zahn. Mit diesem pressen sie ihre Beute gegen die Vorderzähne, die sie schließlich aufknacken. Andere Arten fressen auch gepanzerte Krebstiere, etwa Seepocken, die sie mit ihrem kräftigen Gebiss abweiden und in der hinteren Mundhöhle zermalmen. Unten: Papageienfische werden mittlerweile auch zu den Lippfischen gezählt.

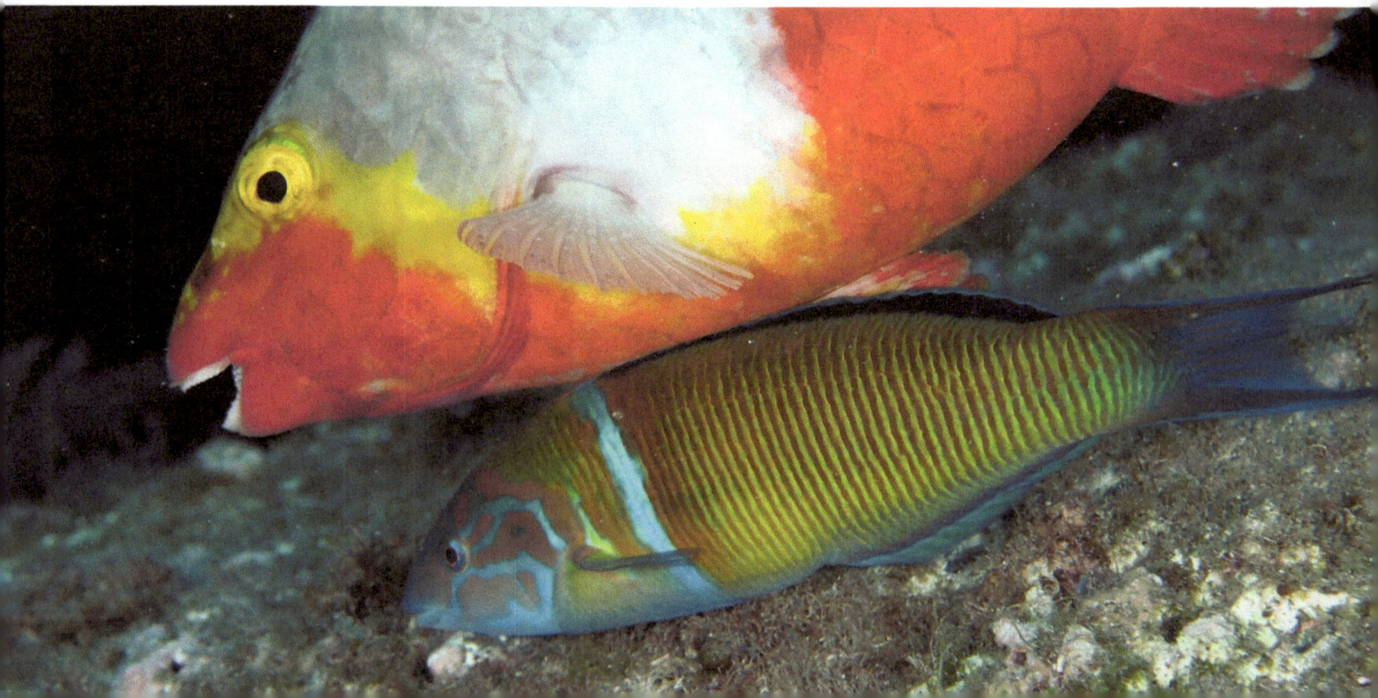

Seeigelzähne

Seeigel besitzen fünf meist gut ausgebildete Zähne, die, entsprechend den Greifbacken eines Demag-Polypengreifers aus der menschlichen Technik, gegeneinander arbeiten, Partikel aufnehmen und den Untergrund mit den darauf lebenden Algen abschaben können. Das Mundfeld ist meist frei von Stacheln und Füßchen. Die Zähne sitzen in einer äußerst komplex gebauten, fünfstrahlig-symmetrischen Kapsel, die aus einer Reihe gegeneinander beweglicher Kalkelemente besteht, welche mit Muskeln verspannt sind. Dieser Mundapparat löst sich bei der Verwitterung des Seeigels oft heraus und man findet ihn häufig am Strand. (Von alters her heißt er „Laterne des Aristoteles".)

Seeigelzähne nutzen sich rasch ab und wachsen rasch nach; an ihrem oberen Ende, der Bildungsregion, sind sie meist etwas umgebogen. Jeder einzelne Zahn ist sowohl nach dem Feinbau wie auch nach der äußeren Form und der Einspannung optimal auf seine Funktion abgestimmt.

Der Seeigelzahn besteht aus einem Mehrkomponentenwerkstoff, ähnlich dem glasfaserverstärkten Kunststoff der Technik. Tütenförmig „ineinandergesteckte" Kalkgebilde werden von einer Kalksubstanz gleicher chemischer Zusammensetzung, aber anderer Härte, verkittet. Im Querschnitt sind Seeigelzähne in der belasteten Region oft dreieckig und gleichen damit den T-Trägern der uns geläufigen Technik. So können die auftretenden Biegebeanspruchungen bestmöglich abgefangen werden. Der große Schenkel des T wird dabei auf Zug beansprucht; darauf ist sein Feinbau – parallele, zugfeste Fasern in einer Grundsubstanz – abgestimmt. Andere Regionen (die sogenannten Primärplatten) sind überwiegend druckbeansprucht und bestehen demgemäß auch aus mehr plattenförmig geschichtetem Material. Die Schneide der Zähne ist selbstschärfend, weil immer wieder Teile abbrechen und neue, präformierte Hartteile zum Vorschein kommen. Die Einspannung der Zähne in die tragenden Strukturen ist ihrerseits auf die Belastung abgestimmt. Dies zeigt die Skizze am Beispiel einer technischen Modellüberlegung. Beim Schaben greifen Querkräfte Q schräg zur Zahn- oder Meißelrichtung an, die sich in Längskräfte L und Seitkräfte S zerlegen lassen. Die Erstgenannten belasten den Zahn auf Druck und müssen durch ein Widerlager aufgefangen werden; die letztgenannten bedingen eine optimale Feinstruktur des Zahns und eine günstige seitliche Einlagerung (Skizze unten), die Querdruck abfängt.

Seeigelzähne wurden im Wesentlichen von einer Arbeitsgruppe an der Universität Bochum untersucht. Vor allem das Rasterelektronenmikroskop hat hier viel zum Verständnis beigetragen. Trotzdem bleiben noch viele Fragen offen, beispielsweise die Frage nach der Entwicklung der Zähne.

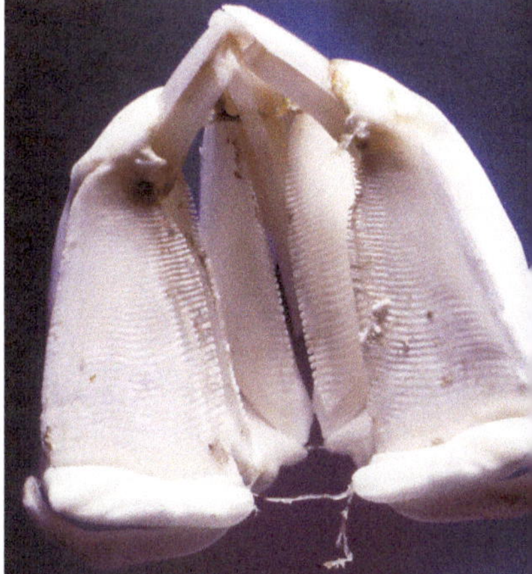

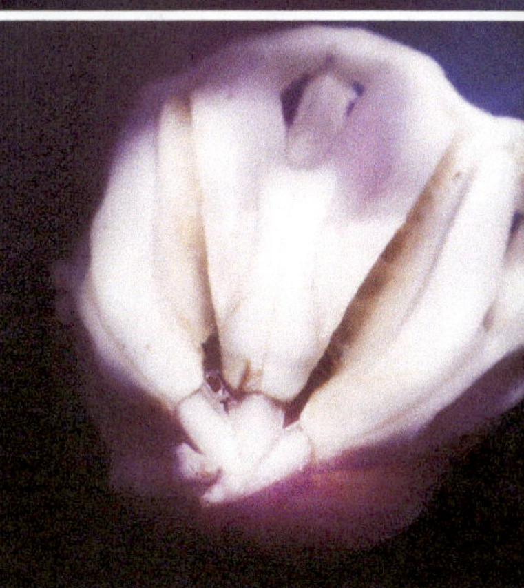

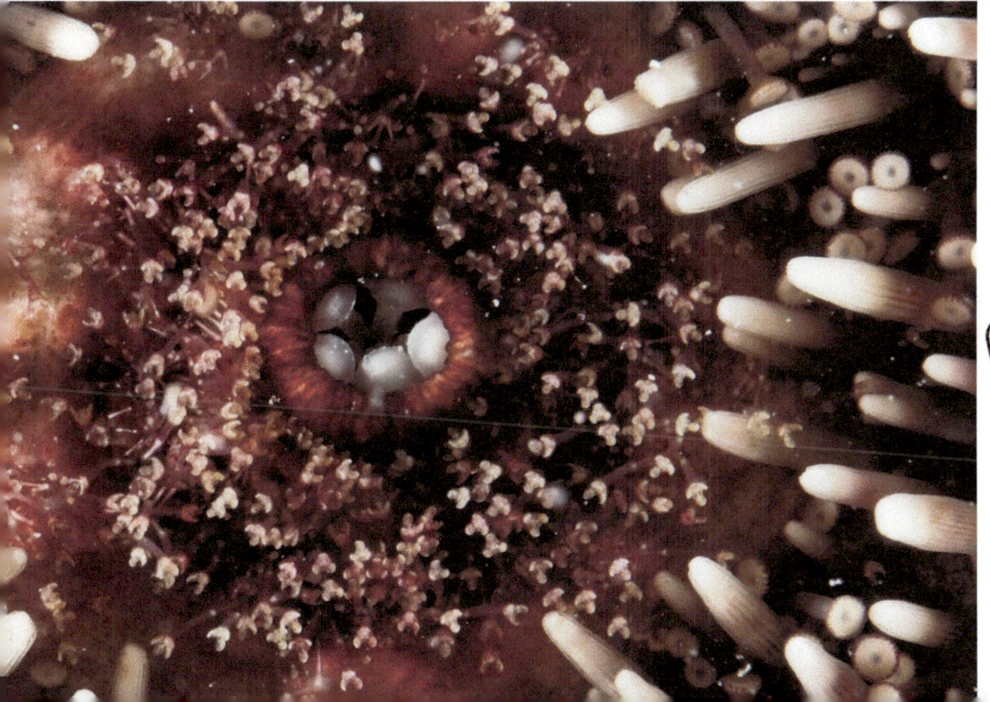

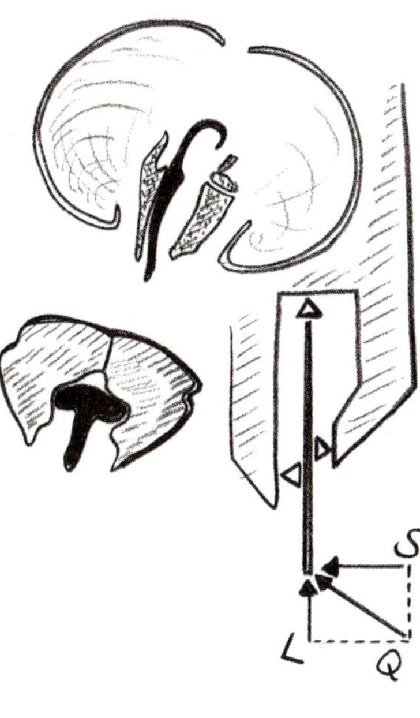

Widerhakensysteme

Früchte des Odermennigs

Der Odermennig (*Agrimonia eupatoria*, unteres Bild), eine Pflanze der Waldränder, bildet Miniatur-Klettfrüchte aus. Die äußere Fruchthälfte endet in einer Serie von kräftigen, einwärts gebogenen Widerhaken, die in ihrer Gesamtheit ein Hakenpolster bilden. Sie verfangen sich leicht im Haarkleid der Tiere oder in der Kleidung des Menschen und werden so mitgetragen. Wenn die Früchte trocken sind, brechen sie an einer präformierten Bruchstelle (Seite 44) am Stiel bei der leichtesten Berührung ab. Noch bekannter sind die Widerhaken der gemeinen Klette *Arctium lappa*, die dem technischen Klettverschluss Pate gestanden haben. Das Klebrige Labkraut *Galium aparine* trägt einen dichten Überzug feinster Widerhaken-Borsten, auch auf den doppelkugeligen Früchten. Es fühlt sich deshalb klebrig an, obwohl es keine Klebesubstanz abscheidet. Es rankt an anderen Pflanzen hoch und kann mit diesem Überzug nicht abrutschen.

Früchte des Löwenzahns

Der Löwenzahn (*Taraxacum officinale*) bildet sogenannte Fallschirm-früchte aus. Die Pflanze gehört zu den Korbblütlern, in deren Blüten-ständen viele Blüten vereint sind. Jede bildet eine Einzelfrucht. Die Früchte sitzen radiär auf dem ehemaligen Blütenboden und sind an ihrer oberen Seite – dort, wo sie in den Stiel des Fallschirms über-gehen – mit zunehmend größeren, auswärts gerichteten Widerhaken besetzt. Die Widerhaken verhindern, dass sich die einmal in die Erde eingebohrte Frucht wieder herausdreht. Ähnlich funktioniert der Ver-breitungsmechanismus beim Baldrian (*Valeriana dioica*) und beim Wiesenbocksbart (*Tragopogon orientalis*, Seite 98).

Ranke der Zaunrübe

Die Zaunrübe (*Bryonia dioica*) ist ein Rankenkletterer. Ihre langen Ranken sind umgewandelte Blätter („Blattranken"). In frühen Stadien sind sie eingerollt wie eine Uhrfeder. Später wachsen sie gerade und beschreiben recht rasche, kreisförmige Suchbewegungen. Sobald sie irgendwo anstoßen, krümmen sie sich an dieser Stelle ein und umwachsen die Berührungsstelle spiralig, wenn diese nicht zu dick ist. Nachdem sich die Rankenspitze so um die Stütze gewickelt hat, rollt sich auch der sprossnahe Teil spiralig auf und zieht damit die ganze Pflanze zur Stütze hin. Das geschieht bei einem Spross fast immer mehrfach, sodass dieser in günstigen Fällen nach allen möglichen Richtungen wie in einer Federaufhängung gelagert ist. Aus mechanischen Gründen muss bei einem derartigen Spiralwachstum ein „Umkehrpunkt" auftreten, wie ihn das mittlere Foto zeigt.

Ein paar Stunden für eine Umdrehung

Die Suchbewegungen erfolgen im Übrigen durch unsymmetrisches Rankenwachstum und gehören zu den schnelleren Pflanzen-Wachstumsbewegungen. Windenpflanzen beschreiben mit ihren Ranken einen Vollkreis in zwei bis neun Stunden.

Teilfrucht des Reiherschnabels

Der Storchschnabel (Gattung *Geranium*) ist bei uns gut bekannt. Nach dem Verblühen reifen an einer Mittelsäule fünf Teilfrüchte. Diese lösen sich von der Basis aus ab und rollen sich blitzartig in Richtung zur Spitze; dabei schleudern sie die Samen weit weg. Dieser Mechanismus beruht auf der Erzeugung von mechanischen Spannungen nach dem Austrocknen des Gewebes.

Beim Reiherschnabel (*Erodium cicutarium*) , den das Makrofoto zeigt, lösen sich die fünf Teilfrüchte ab. Die Früchte selbst sind mit zahlreichen nach außen gerichteten Widerhakenborsten besetzt. Sie tragen eine lange Granne, die mit einem Band aus feinen und längeren Haaren besetzt ist und sich beim Trocknen spiralig aufrollt. Dies ist darauf zurückzuführen, dass sich die Fibrillen der Zellwände nicht im rechten Winkel kreuzen, sondern in einem spitzen Winkel übereinanderliegen. Wenn sich im Tagesrhythmus die Feuchtigkeit ändert, rollen sich die Grannen ein und aus. Sobald sie sich irgendwo verhaken, drehen sie dann die Frucht wie einen Bohrer hin und her und gleichzeitig vor und zurück. Da die harte, spitze Frucht dicht mit Widerhaken besetzt ist, kann sie sich zwar ein-, aber nicht mehr herausdrehen. So drückt sie sich mit jedem Feuchtigkeitswechsel ein Stückchen tiefer in den Boden.

Dehnungsreserve

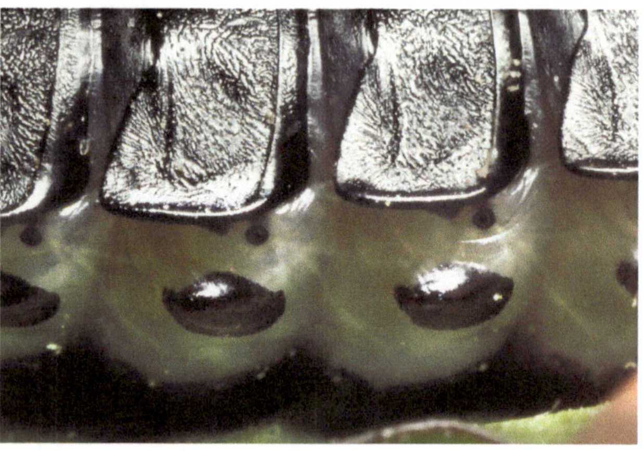

Hinterleib einer Käferlarve

Biologische Strukturen sind bisweilen auf ein Vielfaches ihres Ausgangsvolumens dehnbar. Ein besonders gutes Beispiel bieten die Weibchen mancher Insekten, deren Hinterleib sich unter der Masse der Eier vergrößert oder nach einer Blutmahlzeit aufgetrieben wird (Tsetsefliege). Dabei weichen die Hartteile auseinander, und die normalerweise kaum sichtbaren Zwischenhäute dehnen sich weit. Auch bei Insektenlarven zeigt sich dieses Phänomen. Die Abbildungen oben zeigen die Larve eines Käfers, unten ist die Paarung von Ölkäfern zu sehen (*Meloe proscarabaeus*; mehr dazu auf der rechten Seite).

Am Hinterleib ist der Rücken durch ineinandergreifende Panzerplatten geschützt; die Seiten- und Bauchplatten erscheinen aber klein und sind durch ein weichhäutiges, dehnbares Gewebe verbunden. Nach Wasserverlust kann das Ganze zusammenschnurren, bis sich die Platten fast berühren.

„Honigtöpfe" bei Honigameisen

Sehr eigenartig sind die „Honigtöpfe" nordamerikanischer Honigameisen, bei denen der Hinterleib gewisser Individuen unter der Masse des Honigvorrats ballonartig aufschwillt. Diese Tiere nehmen Honigtau im Übermaß in ihren Honigmagen auf. Als fassartige, gelb schimmernde Gebilde hängen sie dann von der Decke der Nestbauten herunter und bilden so lebendige Vorratsspeicher.

„Honigtöpfe" anderer Art finden sich in den Nestern unserer Hummeln. Wenn die Junghummeln geschlüpft sind, hinterlassen sie ihre Puppenhüllen als topfartige, aneinanderklebende Gebilde, die das Nest gliedern. Sie können dazu benutzt werden, Nektar und Pollen zu speichern und haben damit einen Funktionswandel durchgemacht. Diesmal hat die Evolution nicht im Sinne einer Parallelnutzung gearbeitet, wie wir es etwa bei den Klebeläppchen am Fliegenfuß kennengelernt haben, sondern im Sinne einer zeitlichen Nacheinander-Nutzung.

Dickleibige Ölkäfer

Der Schwarzblaue Ölkäfer (*Meloe proscarabaeus*) ist in mehrfacher Hinsicht bemerkenswert: Die Weibchen können nach dem Schlüpfen aus der Puppe in einem „Reifungsfraß" ihr Gewicht versechsfachen und legen dann fünf bis sechs Mal mehrere tausend Eier ab (die Eier machen ein Drittel bis fast die Hälfte des Gewichts aus).

Die Männchen sind deutlich kleiner (auf der linken Seite ist eine Paarung zu sehen) und an ihren geknickten Fühlern zu erkennen (Bild links). Den Namen Ölkäfer haben die Käfer, weil sie aus ihren Kniegelenken ein gelbes Wehrsekret, das den Giftstoff Cantharidin enthält, absondern können.

Die Tiere wirken unbeholfen: Die kurzen Flügeldecken überdecken sich ungewöhnlicherweise zunächst über dem aufgetriebenen Hinterleib und klaffen an den Enden auseinander, sodass ein großer Teil des Hinterleibs frei sichtbar ist. Die Tiere sind nicht flugfähig und legen ihre Eier in den Boden, aber die Larven entwickeln sich rein parasitisch, vor allem in den Nestern von solitären Bienen. Allerdings überleben von den zigtausend potentiellen Nachfahren nur ganz wenige.

Ein weiteres Beispiel für extreme Dehnung tritt bei den weiblichen Stechmücken auf (siehe Seite 145). Die Tiere können ihr Gewicht beim Blutsaugen innerhalb einer halben Minute vervielfachen.

Membrankonstruktionen

Trommelfell einer Eidechse

Das Trommelfell ist eine dünne Membran, die ankommende Schallschwingungen über das Hebelsystem der Gehörknöchelchen zum schallaufnehmenden Apparat des Innenohrs weiterleitet. Die Säuger besitzen drei Ohrknöchelchen: Hammer, Amboss und Steigbügel; bei den Kriechtieren dagegen gibt es nur eines, das „Ohrsäulchen" S. Dieses überträgt die Schwingungen des Trommelfells TR auf das ovale Fenster des Labyrinths L und überquert so die Paukenhöhle des Mittelohrs, die ihrerseits mit den Nebenhöhlen N und – über die Eustachische Röhre ER – mit der Mundhöhle Verbindung hat.

An der untenstehend abgebildeten Indischen Gartenechse (*Calotes versicolor*) erkennt man durchscheinend die Ansatzstelle des Ohrsäulchens am Trommelfell. Sie trägt übrigens eine Milbe als „Mitesser" an der Mundspalte. Das Foto rechts zeigt eine besonders schön ausgebildete Membrankonstruktion, das ringverstärkte Schrillfeld an der Flügelbasis einer Grille.

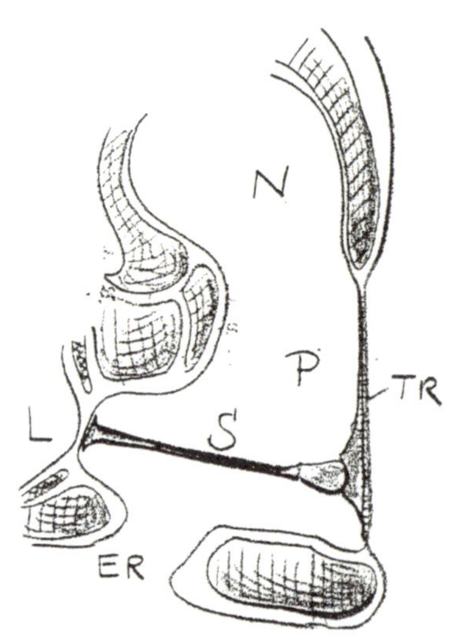

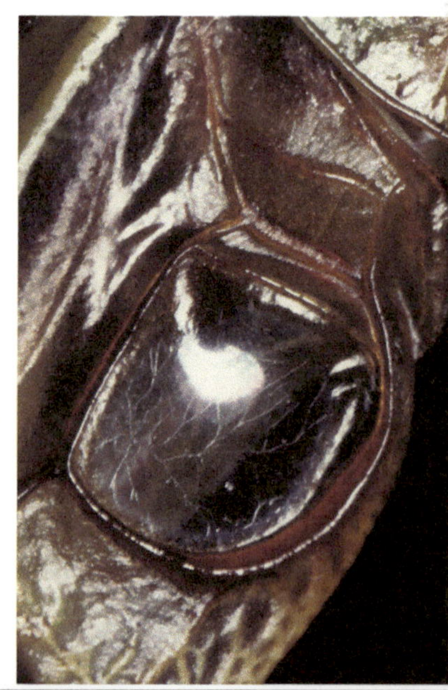

Flügelpaar einer Schwebfliege und einer Hummel

Insektenflügel sind Membrankonstruktionen, die zwischen steifen, teils abgestorbenen, teils durchbluteten Adern ausgespannt sind wie eine Regenschirmfläche zwischen den Stäben. Bei den Insekten mit vollkommener Verwandlung wird die Spreite in der Puppe aus zwei gefalteten Gewebslamellen angelegt, die nach dem Schlüpfen gestreckt werden, austrocknen und zusammenkleben. Das Adersystem läuft stets etwas zickzackartig auf und ab; diesem Rhythmus folgt die Spreite: Versteifung nach dem Bauprinzip von Fabrikdächern. Wo keine Adern sind, ist die Spreite oft wellblechartig fein gefältelt und gewinnt damit zusätzliche Steifheit. Insektenflügel sitzen am zweiten und dritten Brustring; die Tendenz geht fast stets in Richtung Reduzierung eines Flügelpaars. Meist sind die Hinterflügel kleiner, so etwa bei den Hautflüglern, z. B. Hummeln (oberes Bild) und Schwärmern; seltener sind die Vorderflügel bis auf Stummel reduziert, wie bei den Männchen der Fächerflügler (Strepsipteren). Bei den Fliegen sind die Vorderflügel wohl ausgebildet, die Hinterflügel zu Schwingkölbchen umgewandelt. Oft sind Vorder- und Hinterflügel über raffinierte Haken-Ösen- oder Gleitmechanismen miteinander verbunden.

Faltwerke

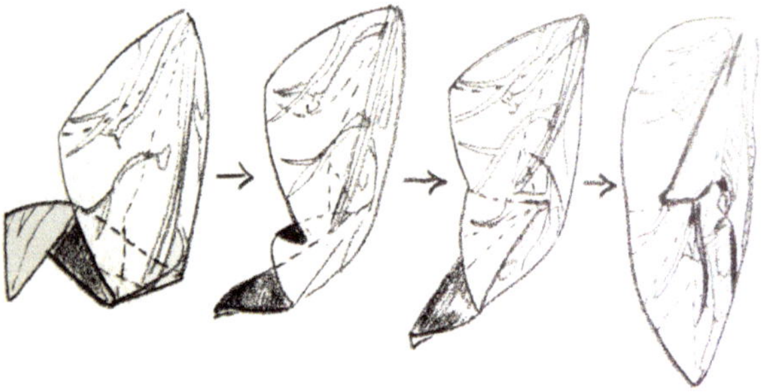

Flügelentfaltung

Bei den Käfern sind die häutigen Hinterflügel unter kräftig chitinisierten, starren Vorderflügeln, den Flügeldecken, zusammengelegt. Sie besitzen auf der Spreite mehrere Gelenke, in denen die Flügel in ganz charakteristischer Weise gefaltet werden. Das Extrem stellen wohl die Kurzflügler dar, bei denen die Hinterflügel, zu einem vergleichsweise winzigen Paket verschnürt, unter den stark reduzierten Vorderflügeln verstaut werden. Beim Entfalten sorgt eine spezielle Muskulatur für das Ausstrecken.

Besonders rasch entfalten die Sandlaufkäfer (Gattung *Cicindela*) ihre Flügel (links oben). Sie „starten" blitzartig „durch". Die Skizze zeigt die Entfaltung eines *Cicindela*-Flügels in verschiedenen Stadien. Unten sieht man die Flügel-

entfaltung beim startenden Maikäfer (*Melolontha melolontha*) in verschiedenen Stadien. Die Flügeldecken werden zuerst abgehoben. Die häutigen, mehrfach gefalteten Flügel klappen dann Schritt für Schritt aus. Der gesamte Vorgang dauert etwa eine halbe Sekunde. Sobald die stabilisierenden Gelenke ganz durchgesprungen sind, ist der Flügel absolut steif und unempfindlich gegen die beim Flug auftretenden Luftkräfte (Serienbild oben).

Hinterflügel der Ödlandschrecke

Die Hinterflügel der Heuschrecken zeigen regelmäßige Faltwerke aus zickzackartig auf und ab laufenden Streifen, die fächerartig übereinander geschoben werden können. Somit können sie auf wenige Prozent ihrer Fläche zusammengelegt werden und passen dann unter die langen Vorderflügel.

Manchmal sitzen kleine „Knöpfchen" auf dem Flügel. Das sind Larven von Milben, die sich gelegentlich an Körperflüssigkeit führenden Adern festsaugen und mittragen lassen.

Die Flügel der Rotflügeligen Ödlandschrecke (*Oedipoda germanica*) und verwandter Arten werden im Sitzen und Laufen verdeckt getragen. Beim Auffliegen blitzen sie unvermittelt auf und verschwinden sofort wieder am Ende des kurzen Flugs, sodass die wieder ruhig dasitzende Heuschrecke im Umfeld kaum mehr erkennbar ist. Dadurch werden Fressfeinde optisch verwirrt.

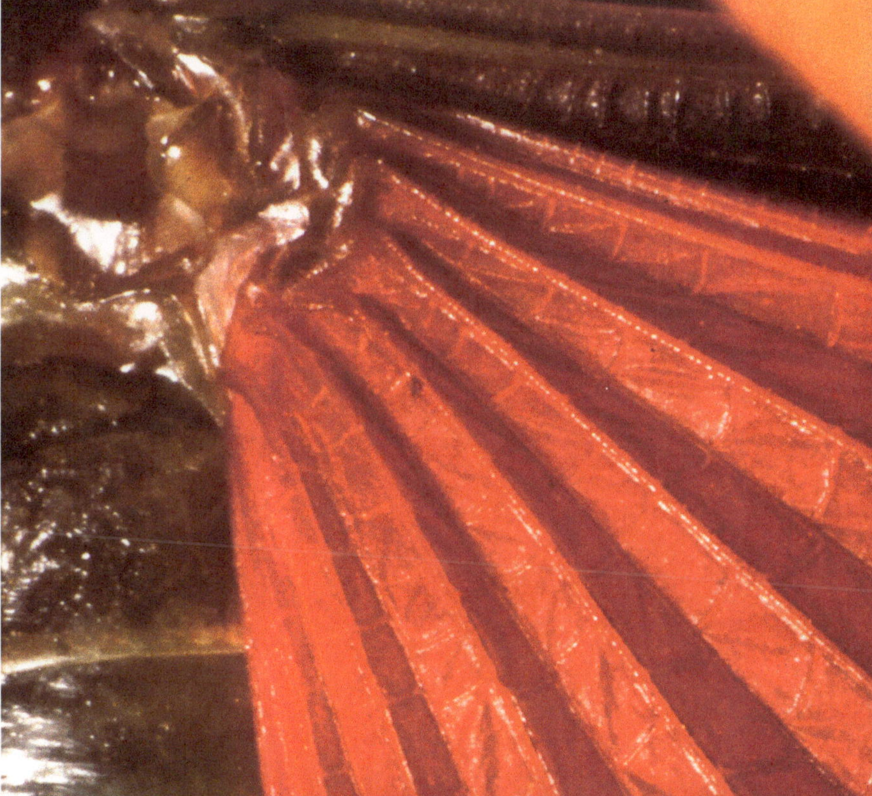

G. Glaeser, W. Nachtigall, *Die Evolution biologischer Makrostrukturen*, https://doi.org/10.1007/978-3-662-57826-1_4

4 Signalisieren, schwimmen, fliegen, explodieren

Fluide sind im Prinzip gleichartig

Wenn sich Lebewesen bewegen, kann das auf dem Land geschehen, im Wasser oder in der Luft. Entsprechend unterschiedlich sind die Bewegungsorgane und damit auch ihre Makrostrukturen. Wasser und Luft sind, physikalisch betrachtet, Fluide und damit im Prinzip gleichartig. Somit ergeben sich auch für die Evolution gewisse gleichartige Randbedingungen, etwa die widerstandsmäßig optimierte Ausformung bewegter Körper, wie man sie beispielsweise bei Wasserkäfern sowie fliegenden und schwimmenden Vögeln findet.

Weibchen des Leuchtkäfers

Pflanzliches und tierisches Leuchten hat unterschiedliche Ursachen und tritt in verschiedenen Organen auf. Aus der Vielfalt der evolutiven Ausformungen sind hier die Leuchtorgane der einheimischen Glühwürmchen herausgegriffen. Diese Leuchtorgane – abgebildet ist das Weibchen eines Großen Johannisglühwürmchens (*Lampyris noctiluca*) – sitzen auf der Unterseite des sechsten, siebten und achten Hinterleibsrings und leuchten hell in einem phosphoreszierend-grünlichen Licht. Die einheimischen Glühwürmchen, und zwar nur die Weibchen, leuchten kontinuierlich.

Die Männchen

fliegen die leuchtenden Weibchen an. Sie lassen sich aus langsamem Suchflug exakt auf die Weibchen fallen und kopulieren, wenn diese das arttypische Leuchtmuster zeigen.

In den Leuchtorganen wird ein Leuchtstoff unter der Wirkung eines Ferments, eines Energiespenders und unter Verbrauch von Sauerstoff abgebaut. Ein Teil der freiwerdenden Energie wird als Licht abgegeben. Unter einer dünnen Abschlusshaut A mit der für die Insekten typischen Schutzschicht S – beide sind durchscheinend – liegen die Leuchtorgane L, umgewandeltes Fettgewebe. Sie werden von Tracheen T mit Luft versorgt und leuchten nur, wenn sie über zuführende Nerven N erregt sind. Wie bei einem technischen Scheinwerfer liegen unter den Leuchtorganen Reflektoren R. Bei den Glühwürmchen bestehen sie aus Zellen, die mit reflektierenden Kristallen zweier Abbausubstanzen gefüllt sind.

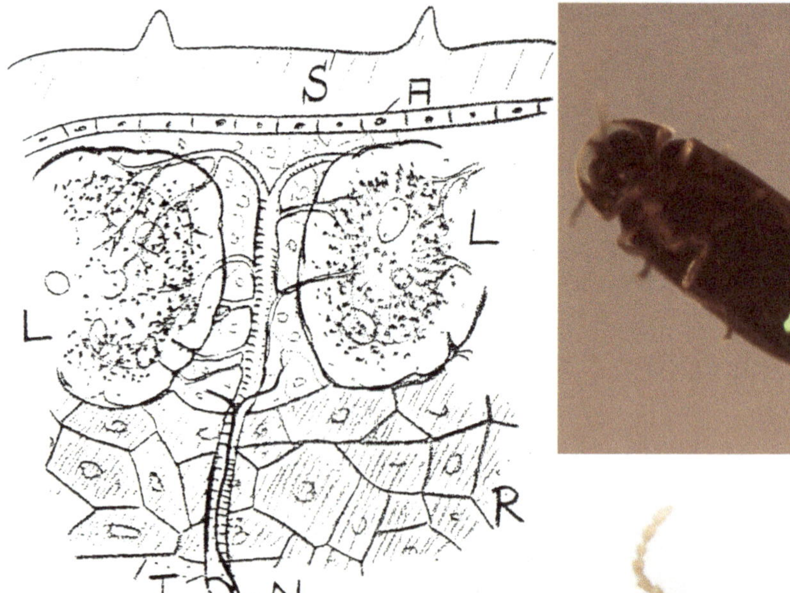

Fortpflanzungsstadium eines Saugwurms

Lichtreize sind dann wirkungsvoller, wenn sie periodisch erscheinen. Bestimmte (nicht unsere einheimischen) Glühwürmchen senden ebenso wie manche Tiefseefische nicht kontinuierliches Licht, sondern Blitze aus. Eine Signalflagge wird besser bemerkt, wenn man sie bewegt, eine Leuchtschrift ist auffallender, wenn sie wandert.

Der parasitische Saugwurm *Distomum macrostomum* parasitiert in Vögeln. Er legt Eier, die ins Freie gelangen, wenn seine Wirtstiere abkoten. Sobald eine Bernsteinschnecke beim Abraspeln des Untergrunds solche Eier aufgenommen hat, entwickelt sich in ihr als Zwischenwirt ein Verbreitungsstadium des Wurms, aus dem ein weiteres Zwischenstadium hervorgeht. Das ist ein wurzelartig verzweigtes Gebilde mit mehreren langen Ausläufern. Die Ausläufer sind braun und grün geringelt. Sie wandern in die Fühler der Bernsteinschnecke ein, die sie dabei dick auftreiben, und tanzen darin auf und ab. Dies scheint nun ein starkes optisches Signal für Vögel zu sein, die den vermeintlichen Wurm aufpicken. Im Körper des Vogels entwickelt sich aus dem aufgenommenen Vermehrungsstadium dann wieder der parasitische Wurm.

Die Abbildungen zeigen den vorderen Teil der Bernsteinschnecke mit den blasig aufgeweiteten Fühlern, einmal mit und einmal ohne die eingewanderten, auf und ab tanzenden Schläuche. Bevor man erkannt hat, dass diese eigentümlichen Gebilde Zwischenstadien im Entwicklungskreislauf des Saugwurms *Distomum macrostomum* sind, hatte man sie als „*Leucochloridium paradoxum*" – also das „seltsame weißgrüne Ding" und somit als eigene Art beschrieben.

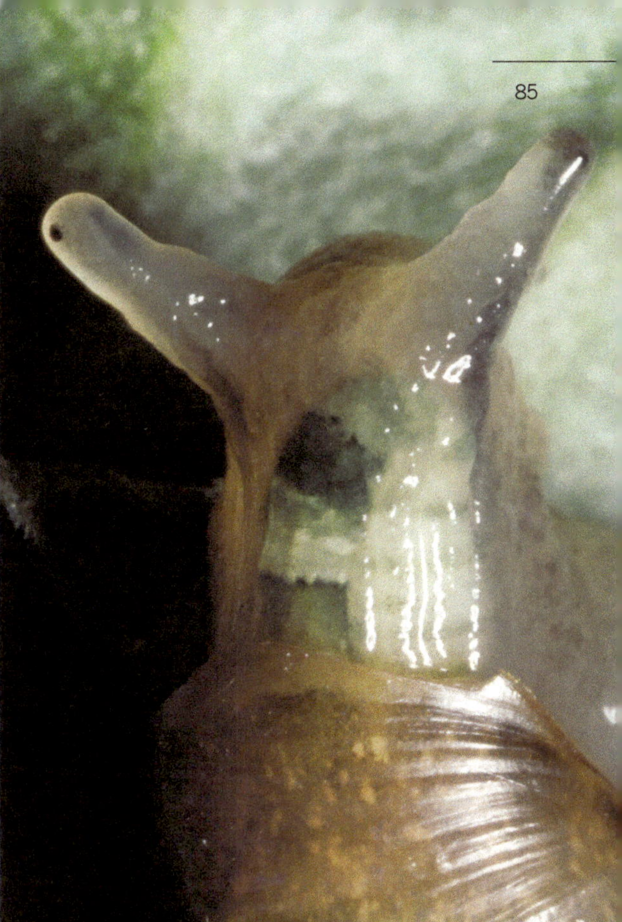

Oberflächenspannung

Schlüpfende Stechmücke

Eingefettete, leichte Gegenstände schwimmen auf der Oberfläche, auch wenn sie schwerer als Wasser sind. Eine leicht fettige Nähnadel oder Rasierklinge kann man auf diese Weise „schwimmen" lassen. Das Oberflächenhäutchen dellt sich dabei etwas ein.

Oberflächenbewohner wie Wasserläufer und manche Käfer nutzen diese Eigenschaft. Auch schlüpfende Mücken gehen nicht unter, wenn sie – in wenigen Sekunden – der Puppenhülle entsteigen. Die Aufnahme zeigt dies am Beispiel der geringelten Stechmücke (*Theobaldia annulata*).

Die Oberfläche im Mikro-Aufnahmeaquarium ist durch untergelegtes weißes und rotes Papier optisch angefärbt. Die Mücke kniet richtiggehend auf dem Oberflächenhäutchen. In kurzer Zeit kann sie bereits stehen und mit starr gewordenen Flügeln abschwirren.

Die zusammengesetzte Aufnahme unten wurde an der Oberfläche einer Regentonne gemacht. Der Schlüpfvorgang der Zuckmücke dauerte hier nur etwa 50 Sekunden, die Mücke hob im Blitzlichtgewitter bereits nach weiteren fünf Sekunden ab.

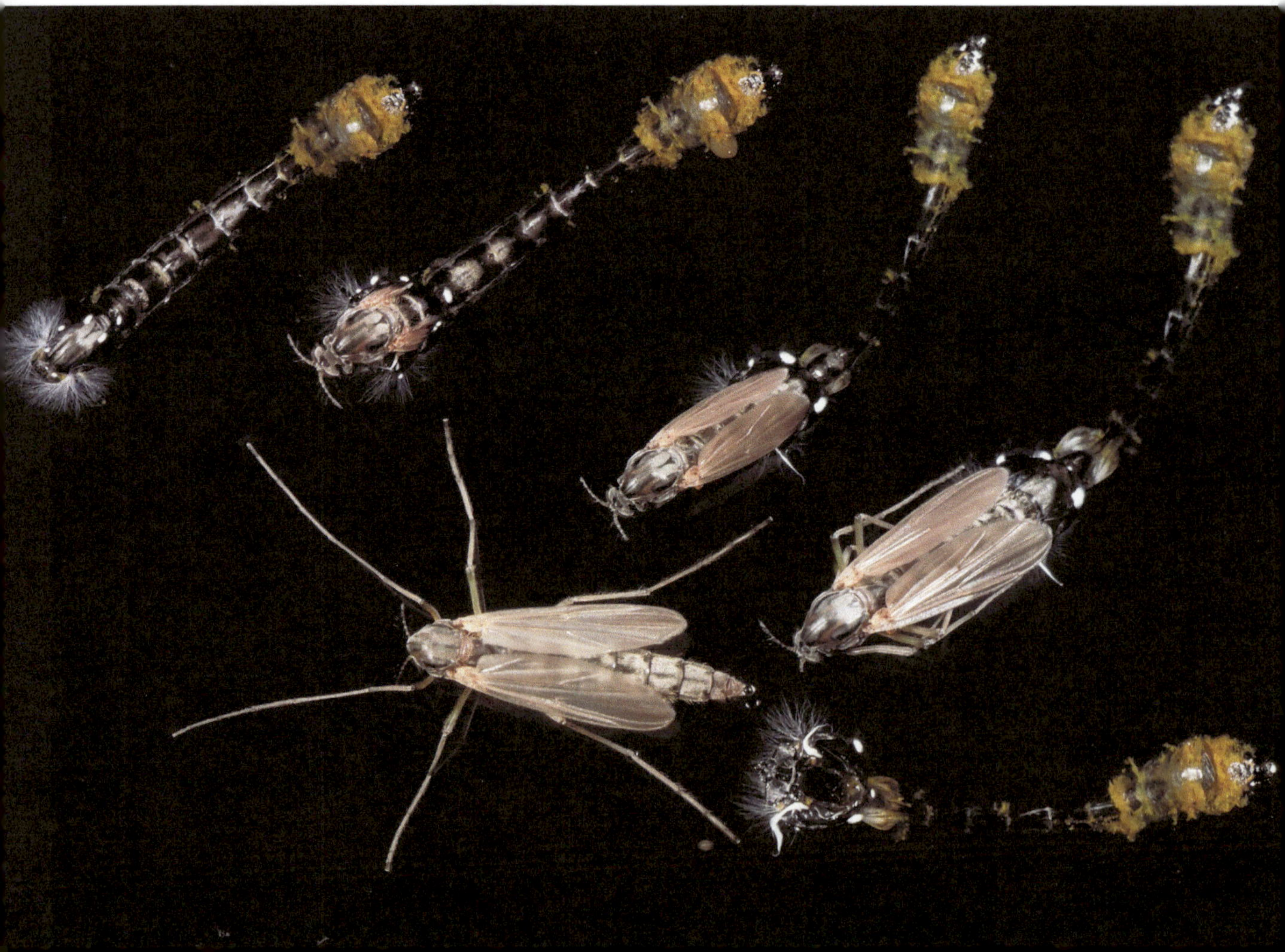

Das linke obere Bild zeigt, dass die Oberflächenspannung für die Mücke von entscheidender Bedeutung ist, um die Flügel trocken zu halten. Ein paar Tropfen Speiseöl auf der Wasseroberfläche reichen aus, damit das Wasser das Gewicht der Mücke nicht mehr tragen kann. Die Zuckmücke (im großen Bild ein Männchen, erkennbar an den buschigen Fühlern, siehe Seite 144) schafft es nicht mehr, vom Wasser abzuheben. Im rechten oberen Bild ist am Eigelege zu sehen, welch hohe Reproduktionsrate Stechmücken haben, zumal unter guten Bedingungen aus jedem Ei in wenigen Tagen eine neue Stechmücke entsteht.

Oberflächenspannung (2)

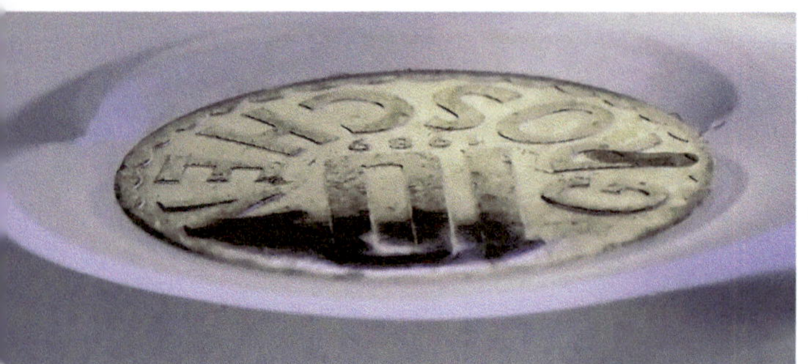

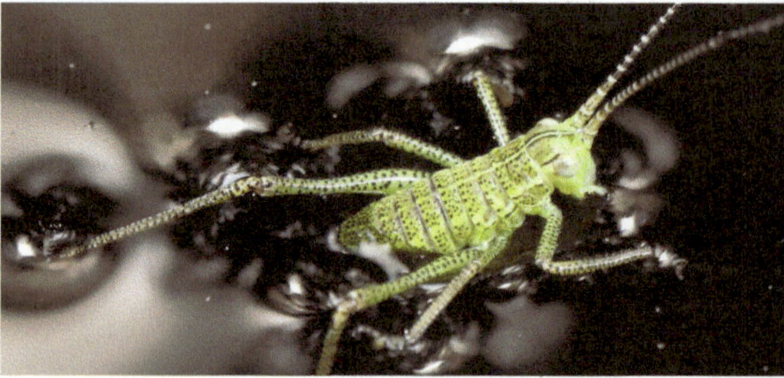

Abhängig von Größe und Dichte

Das Foto links oben zeigt, dass es möglich ist, Geldstücke auf der Wasseroberfläche schwimmen zu lassen (im konkreten Fall ein älteres Geldstück aus Aluminium mit der 2,7-fachen Dichte von Wasser). Im allgemeinen gilt die Regel: Je kleiner das Objekt, desto eher wird es vom Wasser getragen.

Auch so massive Tiere wie 4 cm lange Spitzhornschnecken (*Lymnaea stagnalis*) können mit ihrem breiten Fuß am Oberflächenhäutchen hängen und sogar an ihm entlangkriechen; es erweist sich damit als erstaunlich stabil. Dies ist deshalb möglich, weil die Dichte der Schnecke nur unwesentlich über der Dichte von Wasser liegt. Da geht sich sogar noch aus, dass eine Posthornschnecke (*Planorbarius corneus*) andockt (großes Bild unten).

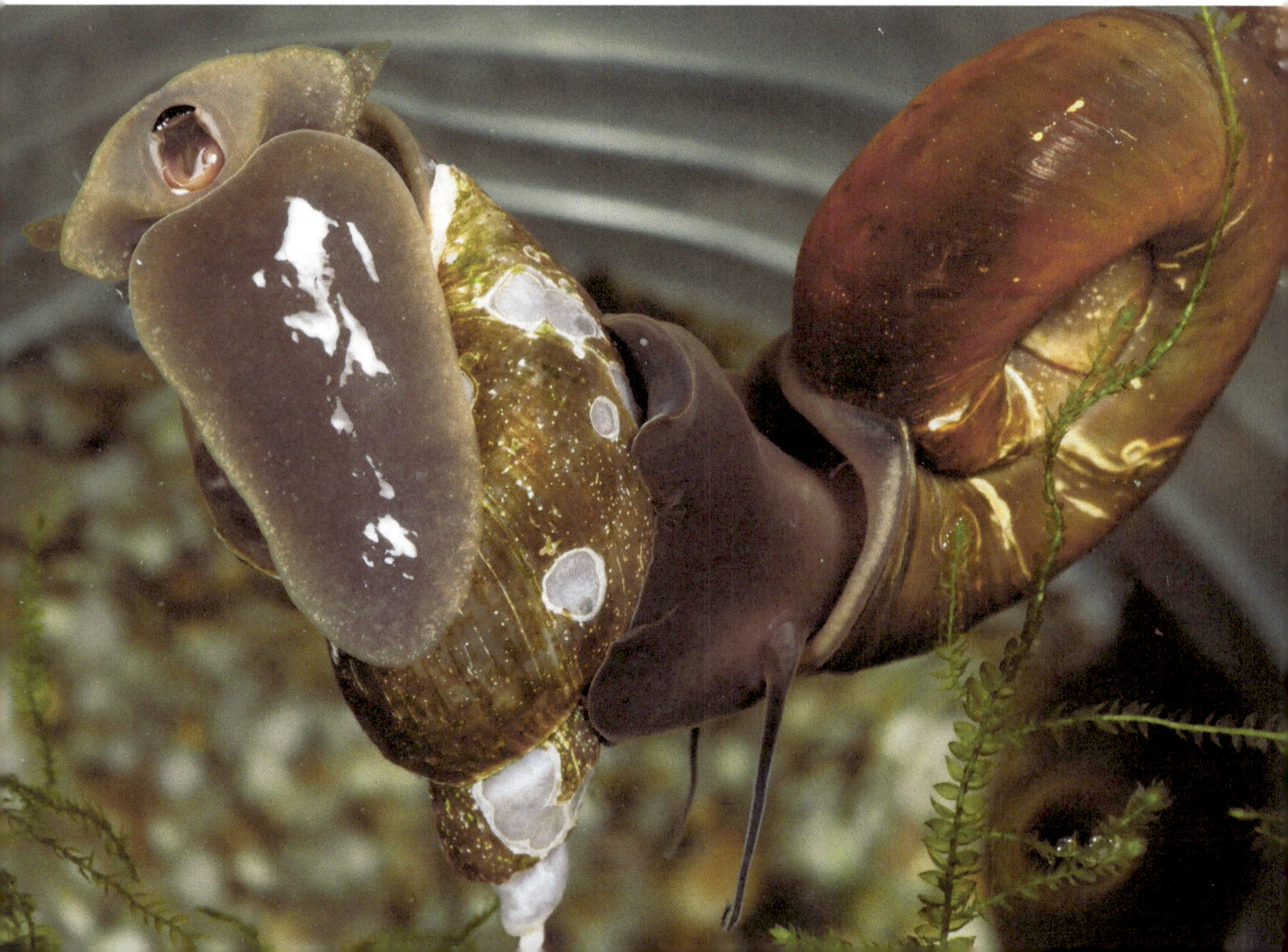

Oberflächenschwimmende Taumelkäfer

Der einheimische Taumelkäfer (*Gyrinus natator*) rudert mit extrem wirkungsvoll ausgebildeten Hinter- und Mittelbeinen, die das Oberflächenhäutchen durchstoßen, im Wasser, während der Rumpf teils unter, teils über dem Wasser liegt. Er beschreibt blitzschnelle Spiralen auf der Oberfläche langsam fließender, sauberer Gewässer. Seine Beute findet er mit zweigeteilten Augen, zwei Überwasser- und zwei Unterwasseraugen sowie seinen hochentwickelten Fühlern. Diese zeichnen sich, wie alle Antennen der höherentwickelten Insekten, durch zwei speziell ausgebildete basale Teile aus, an denen der restliche Teil der Antenne als kolben- bis peitschenförmiges Organ sitzt.

Dieser dritte Teil enthält keine Muskeln, kann aber von den beiden muskulösen Basalgliedern bewegt werden. Im zweiten Glied sitzt üblicherweise ein sehr empfindliches mechanisches Sinnesorgan. Bei *Gyrinus* ist dieses zweite Glied wie ein Schiffchen S ausgebildet und gleitet auf der Wasseroberfläche.

An ihm hängt das kolbenförmige dritte Glied. Oberflächenwellen lassen nun das zweite Glied auf und ab tanzen. Dabei meldet das empfindliche Mechanosinnesorgan Verspannungen zwischen diesem und dem anhängenden schweren „Pendel" des dritten Elements. Auf diese Weise registriert der Taumelkäfer auch den ansteigenden Wassermeniskus am Uferrand, den er beim Ziehen seiner blitzschnellen Kreise dann zielsicher vermeidet.

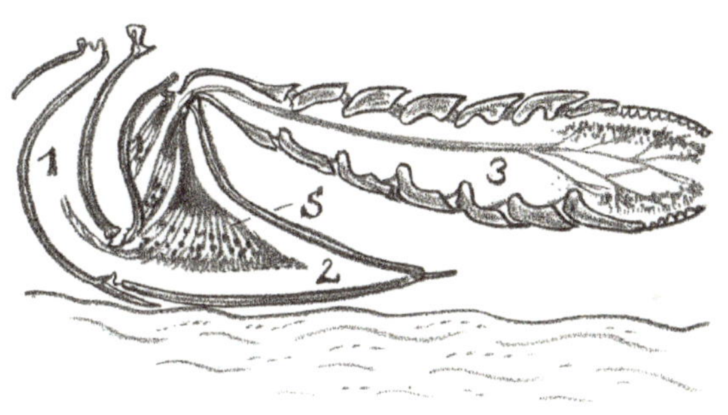

Reflektierende Wellen liefern Information

Die Käfer suchen nach Insekten, die ins Wasser gefallen sind. Um sie zu orten, erzeugen sie durch kreisende Schwimmbewegungen Wasserwellen, die sie wie eine Bugwelle vor sich hertreiben. Diese werden von im Wasser schwimmenden Gegenständen oder Tieren, z. B. Insekten, reflektiert und können mit Hilfe der Fühler geortet werden. Die Taumelkäfer betreiben so etwas wie Echolotpeilung mit dem Medium Wasser, um so an Nahrung zu gelangen.

Geteilte Facettenaugen

Um sowohl über als auch unter Wasser mit Facettenaugen sehen zu können, hat der Taumelkäfer ein vollständig geteiltes Facettenauge auf jeder Kopfseite, also tatsächlich vier Augen (gut zu sehen im rechten Bild der dritten Bildzeile). Die Überwasseraugen 1 mit einer stärker gewölbten Cornea weisen nach oben in die Lüfte, die Unterwasseraugen 2 mit schwächer gewölbter Cornea weisen nach unten ins Wasser.

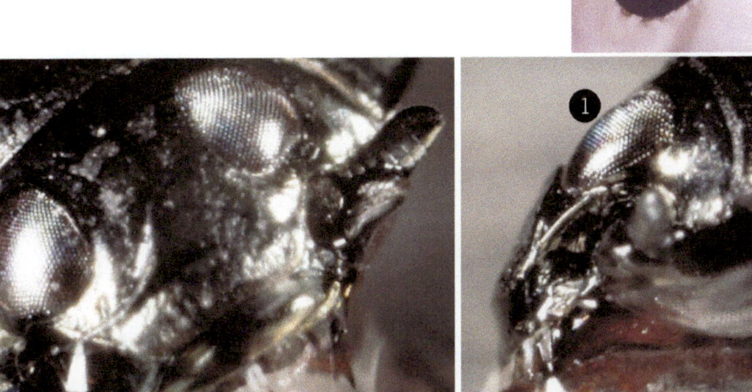

Strömungsanpassung

Extrem abgeplattete Eintagsfliegenlarven

Je flacher ein festsitzendes Tier ist, desto weniger kann es von der Strömung abgetrieben werden, weil die widerstandserzeugende Stirnfläche klein ist. Bei den Larven der Eintagsfliegengattung *Ecdyonurus* ist diese Abplattung sehr extrem. Schenkel und Schienen der Beinglieder sind papierflach. Der ganze Rumpf ist breitgedrückt. Der Kopf erscheint schildförmig, die Augen sind klein und an die Oberseite gewandert. Das Tier kann sich so dicht an Steine anschmiegen, dass es noch im millimeterdünnen wandnahen Strömungsbereich der Grenzschicht sitzt, in dem die Geschwindigkeit sehr klein ist, auch wenn die Außenströmung reißend tobt. So ist es möglich, dass diese extrem strömungsangepasste Larve sich auch auf vom Wasser umtosten Steinen in Gebirgsbächen halten kann, deren Strömungsgeschwindigkeit größer als 2 m pro Sekunde ist. Die Skizze zeigt das Tier in Seitenansicht (Kopf links).

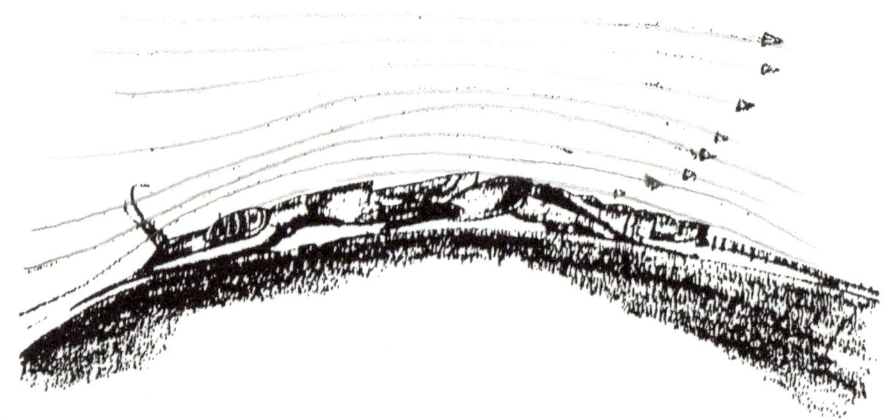

Strömungsanpassung von dicken Tierrümpfen

Walrosse, Seelöwen, Robben, Seehunde oder der unten abgebildete Buckelwal sind wasserbewohnende Säugetiere, die sich durch besonders strömungsgünstige Rümpfe auszeichnen. Im Gegensatz zur landläufigen Meinung, dass ein solcher optimierter Rumpf „wasserschnittig", also besonders fein zugeschärft und schlank sein müsste, erreichen diese Tiere eine ausgezeichnete Strömungsanpassung mit relativ dicken bis sehr dicken Rümpfen, bei denen die größte Dicke ziemlich weit hinten liegt. Dies zeigen Seehunde ebenso wie Seeelefanten, aber auch Pinguine, Delfine, Tümmler und manche Fische, zudem auch technische Gebilde wie widerstandsarme Rotationskörper und Luftschiffformen. Eine Folge solcher Tierrümpfe ist, dass der sogenannte Volumenwiderstandsbeiwert besonders günstig liegt. Das bedeutet: Die Tiere haben ihre Masse auf ein solches Volumen verteilt, dass sie sich unter Wasser bei gegebener Schwimmgeschwindigkeit mit möglichst geringer Antriebsleistung transportieren lässt.

Zusätzlich besitzen die Tierkörper strömungsoptimierende Strukturen, beispielsweise turbulenzreduzierende Haarüberzüge, bei Pinguinen Federüberzüge, bei Delfinen auch Hautmechanismen. Diese Strukturen und Tierkörperformen haben der Technik Anregung für widerstandsarme Flugzeug- und Luftschiffkonzepte mit „dicken Rümpfen" gegeben.

Die schnellsten Räuber unter Wasser

Ein Schuppenkleid aus dem gleichen Material wie die Zähne

Fast alle Haie tragen ein Kleid feiner Schuppen, die sich streifenartig um den ganzen Körper herumziehen, bis in die Schwanzflosse hinein. Sie sind gerichtet angeordnet: Streicht man mit der Handfläche vom Kopf in Richtung Schwanz über den Rumpf, spürt man nur eine geringe Reibung, in umgekehrter Richtung aber wirkt das Schuppenkleid rau wie Sandpapier. Solche Schuppenüberzüge gibt es bei den Knorpelfischen, im Wesentlichen also bei Haien und Rochen. Bei den Haien überziehen die Schuppen den ganzen Körper, bei den Rochen nur Teile. Diese sogenannten Plakoidschuppen und die messerscharfen Zähne auf den Kiefern sind gleicher Herkunft.

Während die Kieferzähne aber dem Zerreißen der Beute dienen, haben die Plakoidschuppen andere Aufgaben. Da sie sich rundherum gegenseitig etwas verkeilen, bilden sie einerseits eine mechanisch stabile Umhüllung. Andererseits dienen sie mit ihrer gerichteten Anordnung der Strömungsführung und reduzieren damit den bremsenden Reibungswiderstand.

Der Kurzflossen-Mako *Isurus oxyrinchus* (oben) erreicht Geschwindigkeiten von fast 80 km/h und zählt damit zu den schnellsten Fischarten. Auch beim Blauhai *Prionace glauca* (unten) wurden schon Geschwindigkeiten bis zu 70 km/h gemessen.

Delfin versus Hai

Nicht immer weist eine glatte Oberfläche den geringsten Strömungswiderstand auf: Delfine (Bild oben) können mit den genannten Geschwindigkeiten nicht ganz mithalten. Bei Ihnen wurden maximal 55 km/h gemessen.

Ein Optimum hängt von der Strömungsgeschwindigkeit, den Körperkonturen und dem Turbulenzgrad der Strömung ab. Mit ihren scharfen, hochweisenden Rändern reduzieren die Schuppen einen bestimmten Turbulenzanteil, nämlich die Querumströmung. Damit sinkt der Reibungswiderstand. Technisch kann man das bereits dadurch zeigen, daß man bestimmte Körperkonturen eines Modells mit Sandpapier geeigneter (ungerichteter) Rauigkeit beklebt. Bei Rillenfolien, die den Anordnungen der Haischuppen entsprechen, kommt noch der Richtungseffekt dazu. „Künstliche Haihäute" werden in der Luftfahrt zur Treibstoffeinsparung und bei Schwimmanzügen zur Geschwindigkeitssteigerung eingesetzt. Bei den Haien befinden sich die Turbulenz-Reduktoren an der Körperoberfläche: bei den Delfinen sind sie hingegen als zapfenförmige hydraulische Dämpfungselemente in der Haut verborgen.

Schwimmbeine des Gelbrandkäfers

Während die Vorderbeine der Ruderwanzen (Gattungen *Corixa*, *Sigara*) zu löffelförmigen Seihapparaten umgebildet sind (Seite 51) und die Mittelbeine lange Ausleger zum Festhalten darstellen, sind die Hinterbeine abgeplattet und tragen einen dichten Schwimmhaarsaum. Beim Schlag nach hinten werden sie wie ein Ruder mit der Breitseite gegen das Wasser gedreht, beim Vorziehen sind sie flach gestellt und werden an die Bauchseite geschmiegt.

Die Schwimmschläge folgen schnell aufeinander. Zwischen zwei Schlägen wird der Rumpf durch seinen Eigenwiderstand abgebremst. So entsteht eine „hüpfende" Bewegung.

Das Männchen des Gelbrandkäfers *Dytiscus marginalis* trägt am verbreiterten 1. Fußglied – „Ferse" genannt – einen kompliziert gebauten Haftapparat nach dem Saugnapfprinzip (siehe Seite 35). Er besteht aus einem großen, zwei mittleren und vielen kleinen gestielten Saugnäpfen. Die rechtsstehende Abbildung zeigt das Ruderbein eines etwas kleineren Verwandten des Gelbrandkäfers, nämlich des Furchenschwimmers *Acilius sulcatus*. Das linke Hinterbein ist im Wasserkanal so eingespannt, dass man es aus Richtung der Anströmung sieht, also bei seinem Ruderschlag. Durch den Wasserdruck sind die Beinglieder und ebenso die Schwimmhaare auf den Beingliedern weit gespreizt. Sie formen so eine mächtige Ruderfläche. Aus dem kühlen Wasser des Kanals perlen Luftblasen aus, die sich in den Schwimmhaaren verfangen haben; das ist normalerweise nicht der Fall.

Bei den Taumelkäfern (Seite 89) finden sich statt der drehrunden Schwimmhaare abgeflachte, extrem dünne Schwimmblättchen, die sich beim Ruderschlag durch den Strömungsdruck automatisch spreizen und spielkartenartig überlappen, beim Vorzug des Beins dagegen spaltfrei an die Festflächen anlegen. So erzeugen sie, ganz wie die Schwimmhaare, einen hohen Schub aber nur einen geringen Gegenschub. Deshalb ist der Wirkungsgrad des Ruderapparats groß, das heißt günstig.

Schwimmschlag des Ruderbeins
von Echten Wasserkäfern

Der Furchenschwimmer *Acilius sulcatus*, ein kleinerer Verwandter des bekannten großen Gelbrandkäfers *Dytiscus marginalis*, lebt vor allem in Torfstichen. Seine Hinterbeine sind hochentwickelte Ruderapparate. Die Stroboskopaufnahme hat den vollen Ruderschlag (Beinstellungen 1-3) erfasst. An manchen Stellen ist das Bein mit Pünktchen aus Silberbronze versehen worden, die nun im stroboskopischen Licht helle Bilder erzeugen. Man sieht, dass der Abstand zwischen zwei Blitzbildern am größten (d. h. auch die Schlaggeschwindigkeit maximal) ist, wenn das Bein etwa senkrecht zur Längsrichtung des Käfers steht, das heißt also genau nach der Seite abgespreizt ist (Beinstellung 2). Wie die Ruderblätter eines Kahnfahrers erzeugen die Schwimmbeine eine gegen die Ruderbewegung gerichtete Widerstandskraft, die den Rumpf vorwärtstreibt. Diese ist in quadratischer Abhängigkeit umso größer, je höher die Schlaggeschwindigkeit ist. Es ist also optimal, wenn die Evolution die Bewegungsgeschwindigkeit dort am höchsten eingestellt hat, wo das Bein senkrecht abgespreizt ist: Hier entsteht auch die größte Widerstandskraft, und diese wird dann verlustfrei zum Vortrieb genutzt. Bei allen anderen Stellungen treten Verluste durch Seitkräfte auf. Die Abbildung unten rechts zeigt ein *Dytiscus*-Weibchen, erkennbar an den gerieften Flügeldecken. Unten links sieht man eine Paarung zweier Gaukler (*Cybister lateralimarginalis*) und die Funktion des Saugapparats am Vorderbein des Männchens, mit dem sich dieses am glatten Halsschild des Weibchens festsaugt.

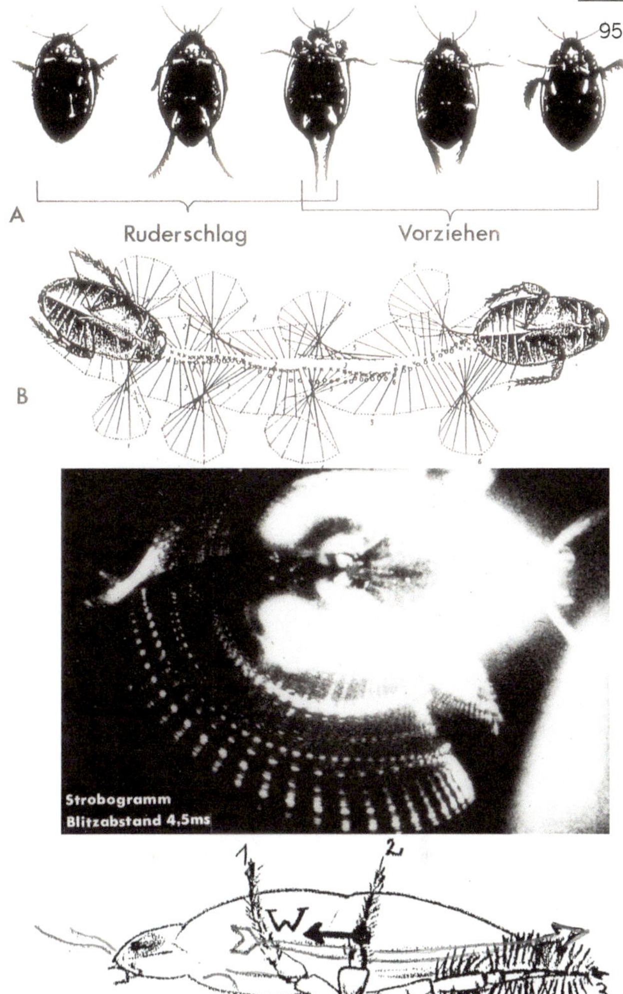

Schwimmen mit Schlagflossen

Schwimmen von Seeschildkröten

Die Seeschildkröten können mit ihren flossenförmigen Vorderbeinen zwar auch rudern wie Wasserkäfer, tun das aber nur bei niedrigerer Geschwindigkeit. Ansonsten schlagen sie senkrecht zur Schwimmrichtung auf und ab. Die Vorderbeine erinnern an ein technisches Flügelprofil, allerdings in symmetrischer Form. Die Beine arbeiten deshalb sowohl beim Abschlag als auch beim Aufschlag in gleicher Weise. Stehen sie unter einem geeigneten kleineren Anstellwinkel zur Schlagrichtung, so erzeugen sie nicht nur – wie jeder bewegte Körper – eine Widerstandskraft W in Bewegungsrichtung, sondern auch noch eine größere Seitenkraft senkrecht zur Bewegungsrichtung. Diese bezeichnet man üblicherweise als „Auftrieb". Da die Bewegungsrichtung hier senkrecht steht, weist die Auftriebskraft also waagrecht nach vorne, und man kann sie jetzt als Vortrieb V oder Schub bezeichnen.

Beim Aufschlag steht die Flosse spiegelbildlich zur Bahn; die Richtung des Vortriebs V bleibt konstant, die des Widerstands W kehrt sich um. Damit addieren sich die Schubkräfte der beiden Halbschlagsphasen, die Widerstandskräfte heben sich auf.

Wenn die Bewegung so abläuft, dass der Auftrieb möglichst immer mit geringen Winkelabweichungen nach vorne weist, sind die Kraftverluste am kleinsten. Die Evolution hat genau diese Kinematik eingestellt, und damit werden die hydrodynamischen Verluste klein gehalten. Die eingesparte Energie kann beispielsweise dazu verwendet werden, eine größere Zahl von Eiern zu bilden: eine Erhöhung der „Fitness" im Darwinschen Sinne.

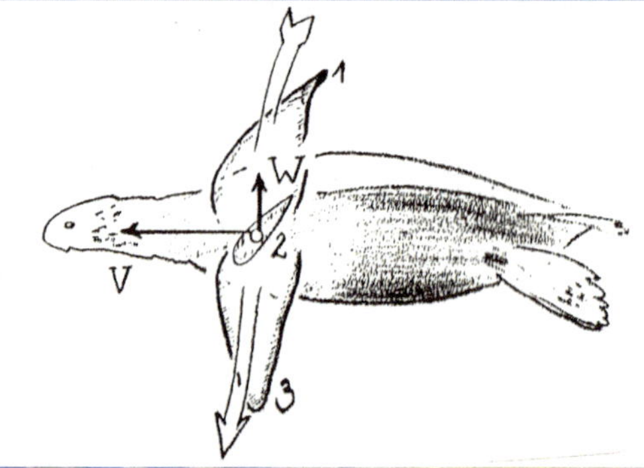

Ruderbein der Schwimmkrabbe

Schwimmkrabben (Gattung *Portunus*) gehören zu den Zehnfußkrebsen. Mit fünf stabförmigen Paaren von Brustbeinen können sich die Krabben behände, meist seitwärts, bewegen. Am ersten Brust- oder Laufbein sitzen häufig größere Scheren. Bei den Schwimmkrabben ist das fünfte Beinpaar umgestaltet, trägt stark verbreiterte (oft bunt gefärbte) Endglieder mit einem randständigen Haarbesatz, die dünn profiliert und in der Gesamtheit etwas propellerartig verwunden sind. Im Wasser schlagen diese beiden „Propeller" mit hoher Frequenz in einem ganz eigentümlichen Schlag-Dreh-Rhythmus und treiben so die Schwimmkrabbe verblüffend rasch voran.

Die untere Abbildung zeigt den Moment, da die linke Vorderextremität vom Ab- in den Aufschlag übergeht. Sie ist in sich verwunden. Gegen die Spitze zu steht sie noch in Abschlagsstellung, an der Basis bereits in Aufschlagsstellung. Eine derartige Bewegungsweise über flügelartig wirkende seitliche Schlagflossen findet sich auch bei den Pinguinen; beide haben Lauf- bzw. Flugextremitäten in dynamisch gleicher Weise zu Schwimmextremitäten umgewandelt. Deshalb sind sie hier auch in eine Zusammenstellung aufgenommen, die im Wesentlichen von Makrostrukturen handelt. Ähnlich wirkende Vortriebsmechanismen gibt es aber auch in der Makrowelt, zum Beispiel bei den winzigen Jugendstadien der Kalmare mit ihren Schwimmsäumen.

Fallschirm des Bocksbarts und der Waldrebe

Wie der Löwenzahn (Seite 73) hat beispielsweise auch der Wiesenbocksbart (*Tragopogon pratensis*) (unten) gestielte Fallschirme an seinen Früchten ausgebildet. Diese bestehen aus einem relativ massiven, regenschirmartige Radiärgerüst, bei dem die jeweiligen Speichen einen zweiseitigen Flaum heller, feinster Haargebilde tragen. Die beiden Haarreihen überlappen sich etwas. Während die Frucht, von einem Windstoß hochgerissen, langsam absinkt, wird dieser Fallschirm von unten nach oben durchströmt. Die Aerodynamik lehrt, dass drehrunde Haargebilde auf Grund der sogenannten Reynoldszahl-Abhängigkeit umso geeigneter als Widerstandserzeuger sind, je langsamer sie durchströmt werden und je kleiner sie sind. Demnach trägt die Bocksbartfrucht einen idealen Fallschirm. Ähnlich wirkt die Feinbehaarung der Frucht der Waldreben (*Clematis vitalba*). Je langsamer sie durch diesen absinkt, umso weiter kann sie von Seitenwinden abgetrieben werden und desto günstiger ist die Verbreitungsmöglichkeit.

Gleit- und Trudelfrüchte

Die Meister des pflanzlichen Gleitflugs sind Vertreter einer tropischen Pflanzenart (*Alsomitra*, früher *Zannonia macrocarpa*), die einen sehr großen Flugsaum tragen und so austariert sind, dass sie stabil fliegen können. In großen, weiten Spiralen gleiten sie langsam zu Boden. Dieser und die unten beschriebenen Mechanismen haben den Sinn, die Gleitzeit zu verlängern: Wenn die Samen langsamer gleiten, können sie von Seitenwinden während der Fallzeit weiter verfrachtet werden. *Alsomitra*-Samen können aber auch beim Gleiten unter Windstille weite Strecken über Grund zurücklegen.

Die Nüsschen der Birke (*Betula pendula*) tragen einen weit ausgebreiteten, sehr dünnen Flugsaum, ähnlich die sehr viel größeren Nüsschen der Ulmen (Bild oben links). Bei günstiger „Trimmung" gleiten sie damit im stabilen Sinkflug; viel häufiger allerdings rotieren und trudeln sie abwärts. Das Rotationsprinzip ist bei den Drehfrüchten des Ahorns – den bekannten Nasenzwickern – extrem gut ausgebildet. Auch damit lässt sich die Fallzeit effektiv verlängern. Das untere Bild zeigt einen Birken-Fruchtstand.

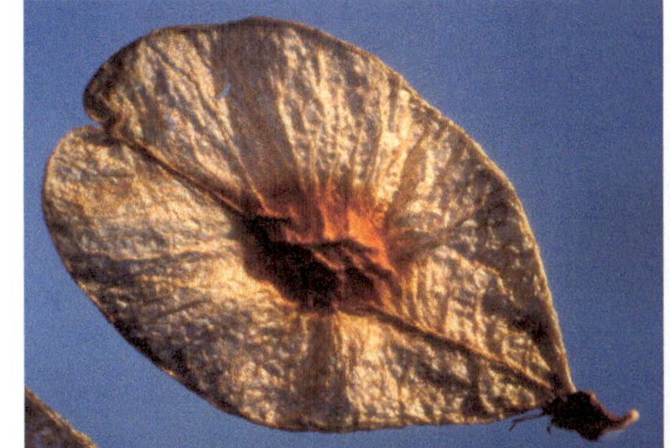

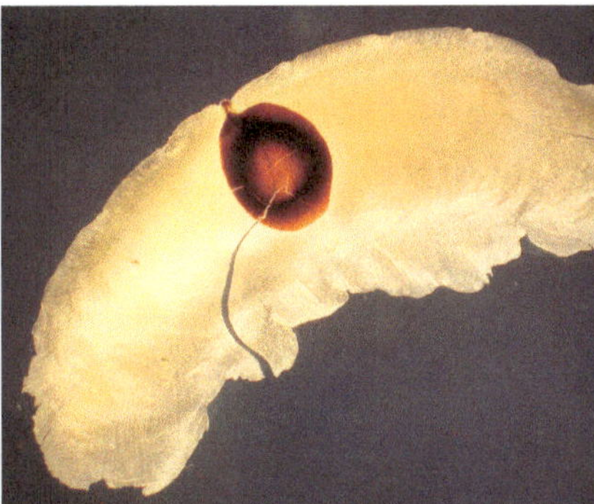

Flügelkaskaden und Vorflügel

Handfittich beim Bienenfresser

Bienenfresser (*Merops apiaster*) und viele andere mittelgroße Vögel können nicht eigentlich am Ort rütteln wie beispielsweise Kolibris. Aber sie können sich mit geschickt geführten Schlägen kurzfristig nahezu bewegungslos in der Luft halten, wie jeder weiß, der einmal Möwen gefüttert hat (rechte Seite: Lachmöwe *Larus ridibundus* im Winterkleid). Bienenfresser – im Bild rechts bei einem Steigflug zu sehen – können elegant steuern. In Volieren picken diese Vögel beispielsweise zwischen Daumen und Zeigefinger gehaltene Mehlwürmer auf. Dabei bewegen sie die Flügel anders als im freien Streckenflug; insbesondere den Aufschlag lassen sie „peitschenartig" abrollen, wobei sich der Handfittich öffnet und die einzelnen Federn in Form einer Flügelkaskade getrennt umströmt werden.

Im großen Bild unten ist ein Rotfußtölpel (*Sula sula*) bei einem Manöver „auf der Stelle" zu sehen.

Vorflügel

Für Flugzeuge wurden schon vor Jahrzehnten Vorflügel entwickelt. Das sind kleine Hilfsflügel, die bei normalem Flug konturengleich in den Hauptflügel integriert sind, notfalls aber ausgefahren werden. Bei ausgefahrenem Vorflügel entsteht ein Schlitz zwischen ihm und dem Hauptflügel, durch den die Strömung auf der Oberseite neue Energie zugeführt bekommt, sodass sie nicht so rasch und umfassend abreißt. Nach demselben Prinzip wirkt auch der Daumenfittich der Vögel. Das ist ein Federbüschel, das durch Muskelzug abgespreizt werden kann. Schön zu sehen ist das beim Tölpel im großen Bild sowie beim Bienenfresser links unten, ansatzweise auch bei der Lachmöwe im oberen Bild. Bei den anlandenden Haustauben (*Columba livia*) im unteren Bild rechts ist der Schwanz zur Bremsung breit gefächert; die Daumenfittiche sind extrem weit abgespreizt.

Explosionsmechanismen

Früchte des Springkrauts

Das einheimische Große Springkraut (*Impatiens noli tangere*) heißt im Volksmund „Rühr' mich nicht an" (was ja auch der wissenschaftliche Artname bedeutet). Bei der geringsten Berührung „explodieren" die reifen Früchte, die wie winzige Miniaturgurken aussehen. Dabei rollen sich ihre Einzelteile blitzartig zusammen, sodass die Samen eine starke Beschleunigung erfahren und weit weggeschleudert werden. Die obere Abbildung zeigt ein Exemplar des eingeführten Drüsigen Springkrauts (*Impatiens glandulifera*) mit fünf Früchten, von denen die unterste reif ist. Nach der Berührung ist sie zerspalten und hat sich so eingerollt, wie das untere Foto es demonstriert. Dieses eigentümliche Verhalten ist auf den Gewebeaufbau der Fruchtwand zurückzuführen.

Die längliche Frucht ist, wie auf dem Querschnitt in der Skizze abgebildet, fünfstrahlig-symmetrisch aufgebaut. Jeder der Strahlen trägt außen ein dünnwandiges Schwellgewebe aus vielen parallel zueinander stehenden, plattenförmigen Zellen. Diese stehen unter hohem Innendruck (mehr als 20 Atmosphären!) und drängen dadurch auf eine Verlängerung des Strahls. An der Innenwand dagegen sitzen längs gerichtete Faserzellen, die damit dem Schwellgewebe entgegenwirken. Die „Strahlen" entsprechen den Fruchtblättern. Im Laufe der Reifung löst sich ihre gegenseitige Verwachsungsnaht auf, und dann können sich bei der geringsten Berührung die Spannungen ausgleichen: Die Frucht reißt in fünf sich wirbelig einrollende Teile und schleudert damit die Samen 1 bis 3 m weit fort. Nach der „Explosion" ist das Schwellgewebe um 30% länger; die Faserschichten dagegen sind um 10% verkürzt.

Explosionsfrucht der Spritzgurke

Im Mittelmeergebiet ist die Spritzgurke (*Ecballium elaterium*) heimisch. Wenn ihre Früchte reif sind, sind sie etwa 5 cm groß und hängen an gebogenen Stielchen abwärts. Das Innere der Frucht mit ihrem Inhalt, den Samen, befindet sich unter einem beachtlichen Überdruck. Dieser wird von einer speziellen Zellschicht erzeugt, die unter hoher elastischer Spannung steht. An der Übergangsstelle zwischen Frucht und gebogenem Stielchen bildet sich eine präformierte Bruchstelle aus (vgl. Seite 44); hier sitzt das Stielchen in der Frucht wie ein Spund im Weinfass. Bei der geringsten Berührung – bisweilen auch nur unter dem Eigengewicht der heranreifenden Frucht – löst sich der Spund, und die Frucht fällt herab. Nun kann sich der Innendruck ausgleichen, und so schießen die in eine schleimige Masse eingebetteten Samen explosionsartig meterweit aus dem „Spundloch". Die Abbildung zeigt den Vorgang im Moment des Abreißens. Bei der Spritzgurke kann ein Innendruck von mehr als fünf Atmosphären erreicht werden. Damit schießt sie ihre Samen bis zu 10 m weit. Explosionsfrüchte kennt man auch beim amerikanischen Kürbisgewächs *Cyclanthera explodens*, das bis in 10 m Entfernung spritzt, sowie beim amerikanischen Sandbüchsenbaum *Hura crepitans*, einem Wolfsmilchgewächs. Bei der Explosion seiner tennisballgroßen Kapsel sollen die 2 cm langen Samen bis zu 14 m weit geschleudert werden.

Streudosen

Kapseln des Aufgeblasenen Leimkrauts

Bekannt sind die haselnussgroßen, vasenförmigen Trockenfrüchte des Aufgeblasenen Leimkrauts (*Silene vulgaris*). Die Öffnung ist von nach außen gebogenen Auswüchsen der Kapselwand umgeben. Von einem zentralen bäumchenartigen Gebilde werden die trockenen Samen in die Kapsel abgegeben und bei Schlenkerbewegungen durch den Wind oder durch anstoßende Tiere ausgestreut wie aus einer Streudose. Die Kapselwand entwickelt sich aus der Wand des Fruchtknotens. Sie ist zunächst geschlossen.

Spezielle Zellen und eigentümliche Verlaufrichtungen der mikroskopisch feinen Zellwandfasern sorgen dafür, dass sich „Reißlinien" bilden, an denen entlang sich die Kapsel beim Austrocknen öffnet.

In der vorliegenden Abbildung ist das nur im oberen Teil der Kapsel zu sehen, längs radiär verlaufender Linien. Es gibt Kapseln, die in Längsrichtung durchreißen (Winde, Lauch), und andere, die längs einer kreisförmigen Springnaht einen Deckel abwerfen (Gauchheil, Wegerich, manche Moose – Bild rechte Seite oben, *Papaver rhoeas* – rechte Seite unten). Es gibt auch Pflanzen, die Poren entwickeln, welche an eine Salzstreudose erinnern (*Trematolobelia*).

Kapseln von Mohn und Moosen

Mohnkapseln sind gut bekannt, entweder durch die großen Zuchtformen des Mohns oder vom rotblütigen Klatschmohn (*Papaver rhoeas*) der Wegränder. Von der Kapselwand aus ziehen sich Scheidewände nach innen, die sich aber zentral nicht berühren und einen Hohlraum freilassen. Sie setzen sich nach oben über den Kapselrand fort und werden von einer Art Deckelkonstruktion abgeschlossen. Zwischen ihnen bestehen Poren, aus denen die Mohnkörner nach und nach ausgeschleudert werden, wenn der Wind den ausgetrockneten Stängel elastisch schwingen lässt.

In ganz ähnlicher Weise, wenn auch aus anderen anatomischen Anlagen, entstehen die „Streubüchsen" bei den Sporenkapseln der Widertonmoose (*Polytrichum*, Abbildung oben rechts). Andere Moose (*Andreaea*) besitzen Schlitzkapseln mit einem hygroskopischen, das heißt auf Feuchtigkeit ansprechenden, Mechanismus. Sie sind vielfach von zahnartigen Strukturen umstellt, die aus abgestorbenem, zweischichtigem Gewebe bestehen. In der inneren Schicht laufen die feinen Fibrillen, die die Zellwände aufgebaut haben, etwa parallel zur Längsachse des Zahns, in der äußeren Schicht senkrecht dazu. Da sich die Fibrillen bei Wasserverlust einander nähern, bei Wasseraufnahme durch Quellung voneinander entfernen, bewegen sich die Zähne bei feuchtem Wetter nach innen und verschließen die Kapsel; in der Trockenheit rollen sie sich nach außen und öffnen sie. Nun können die Sporen ausgestreut werden.

Kokons

Gespinstglöckchen der Braunen Feldspinne

Diese zauberhaften, knapp zentimetergroßen Gebilde kann man manchmal im Gras hängen sehen. Im Volksmund heißen sie „Feenlämpchen". Es sind die – noch nicht fertig ausgebildeten – Eikokons der Braunen Feldspinne (*Agroeca brunnea*). Die Spinne webt zunächst einmal ein bandartiges Aufhänge-Gespinst, das sich dann kelchförmig erweitert und unten abgeschlossen wird.

In den oberen, spitzen Abschnitt werden einige Dutzend Eier abgelegt. Der größere Teil des Glöckchens bleibt dagegen leer und dient später den Jungspinnen als erster Aufenthaltsort. Der ganze, kunstvoll gesponnene Kokon wird schließlich mit Erde ummantelt (Seite 115) und näher an den Befestigungshalm heranzementiert.

Gespinstkokons einer Schlupfwespenpuppe

Schlupf- und Erzwespen gehören zu den kleinsten Insekten. Knapp 3 mm lang sind die Arten, die beispielsweise bei den Kohlweißlingsraupen und -puppen parasitieren. *Apanteles glomeratus* sticht die Jungraupen an, kaum, dass sie aus dem Ei geschlüpft sind, und legt über eine zarte, verschiebbare Legeröhre (vgl. Seite 15) Eier ab, die sie direkt in den Körper injiziert.

Die sich daraus entwickelnden Schlupfwespenlarven nähren sich zunächst von den weniger lebenswichtigen Organen der Schmetterlingsraupe, etwa dem Fettkörper, und greifen erst gegen Ende ihrer Entwicklung den Rest an. Dann bohren sie sich durch die Raupenhaut nach außen und verpuppen sich in kleinen, selbst gesponnenen Kokons an ihrem Wirtstier. Die Löcher zeigen an, dass sie geschlüpft sind. Das Wirtstier stirbt bald und schrumpft zu einem unansehnlichen Häutchen zusammen.

Am seidenen Faden

Ein unscheinbarer Nachtfalter

Die Gespinstmotte (*Yponomeuta evonymella*) ist als fertiger Schmetterling ziemlich unscheinbar. Im Spätsommer legen die Weibchen Pakete von etwa 50 Eiern ab, aus denen 3-4 Wochen später kleine Raupen schlüpfen. Diese überwintern und beginnen im Mai mit der Nahrungsaufnahme. Dabei spinnen sie immer größere Gespinste. Im Juni sind die Raupen etwa 20 mm lang. Jetzt erst beginnt „das große Fressen". Die befallenen Bäume oder Sträucher erscheinen dann wie abgestorben, können aber mit einem zweiten Austrieb das Gröbste wettmachen.

Hungerstress

Durch das massenhafte Auftreten kann es bei einzelnen Tieren zu einer Art Hungerstress kommen. Die ausgewachsenen Raupen seilen sich am seidenen Faden ab und wandern zu benachbarten Sträuchern, wo sie Seidenfäden von einer Blattseite zur anderen spinnen, bis sich das Blatt taschenförmig zusammenzieht. Die Seidenfäden sind speziell gebaut und kontrahieren sich etwas, wenn flüchtige Substanzen verdunsten. Danach verpuppen sich die Raupen. Der weibliche Falter kann bis zu 60 Tage alt werden, der männliche Falter stirbt nach der Kopulation.

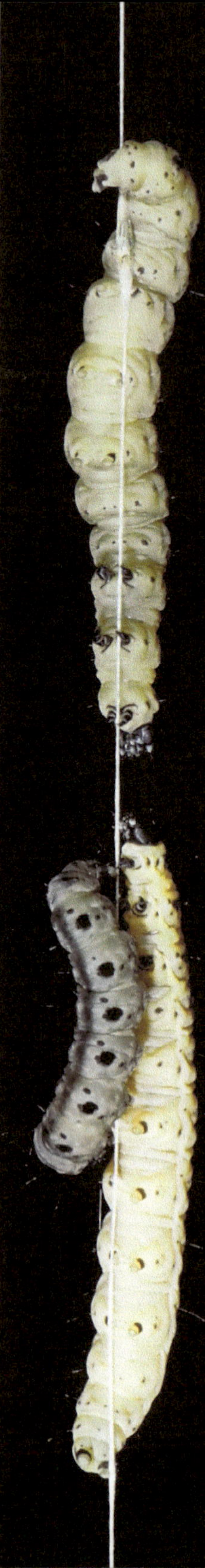

5 Speichern, Baulichkeiten, Baustoffe

Zellulose, Chitin, Kalk als Baustoffe

Auch Tiere und Pflanzen „umbauen Räume", in denen sie zum Beispiel Substanzen speichern. Da gibt es Leichtbauten und Hochbauten, aber auch schwere Erdbauten. Sie alle müssen stabil sein; manchmal ist große Zugfestigkeit gefragt. Als Baustoffe verwenden Pflanzen in der Regel Zellulose-Substanzen, Tiere Chitin oder kalkhaltige Konstruktionen, wie zum Beispiel Knochensubstanz bei Wirbeltieren oder Kalkskelette bei Korallen.

Pflanzliche Tierfallen

Kesselfalle des Aronstabs und der Osterluzei

Der einheimische Aronstab *Aron maculatum*, in unseren feuchten Laubwäldern heimisch, lockt durch seinen Kotgestank kleine Zweiflügler an, die ihre Eier üblicherweise an verrottendem Kot ablegen. Mit einem Mechanismus, den man, hätte ihn ein Mensch erfunden, als „raffiniert" bezeichnen würde, hat die Evolution diese Insekten in den Dienst der Bestäubung gestellt.

Unter einem kolbenförmigen Gebilde, das den Gestank produziert und sich dabei durch Stoffwechselvorgänge um ein Dutzend Grad gegenüber der Umgebungstemperatur erwärmen kann, befindet sich die „Blütenkammer", die von einem großen Hüllblatt umhüllte Kesselfalle. Oben trägt sie Reusenhaare, die dem Insekt ein Einkriechen gestatten, es aber zunächst nicht mehr herauslassen. In der Mitte befinden sich die männlichen Blüten, darunter die weiblichen. Zuerst reifen die weiblichen Blüten. Die eingefangenen Zweiflügler bringen unter Umständen von anderen Exemplaren Pollen mit, die sie nun auf den Narben der weiblichen Blüten abstreifen und diese damit bestäuben. In der Folge trocknen die weiblichen Blüten ein, wobei sie jeweils ein Nektartröpfchen absondern. Das dient den gefangenen Zweiflüglern als Nahrung. Dann erst reifen die männlichen Blüten. Jedes Staubblatt entlässt aus zwei länglichen Schlitzen einen Regen von Pollen. Nachdem sich die Insekten damit kräftig eingepudert haben, schrumpfen die Reusenhaare. Die Tiere können herausklettern und zu einem anderen Aronstab fliegen, den sie dann bestäuben. Meist dauert der ganze Vorgang drei Tage: am ersten Tag Einkriechen und Bestäubung, am zweiten Staubblattreifung und Einpudern mit Pollen, am dritten Schrumpfen der Reusenhaare und Ausflug.

Ähnlich arbeiten die Kesselfallen der Osterluzei-Arten (Gattung *Aristolochia*), die auch von kleinen Fliegen bestäubt werden. Der von Pilzmücken bestäubte tropische Feuerkolben (Gattung *Arisaema*) dagegen trägt getrennt männliche und weibliche Blüten. Die männlichen verlassen die Bestäuber eingepudert mit Pollen. Die weiblichen dagegen enthalten kein Schlupfloch. Die Bestäuber gehen dort zugrunde.

Rechts: Nicht bestäubte Samen des Aronstabs werden abgeworfen.

Blätter des Torfmooses, trocken

Die einheimischen Torfmoos-Arten (Gattung *Sphagnum*) zeichnen sich allesamt durch die Eigenschaft aus, große Wassermassen festhalten zu können. Mooroberflächen trocknen im Sommer häufig aus. Die *Sphagnum*-Überzüge bewahren aber noch lange das Wasser. In feuchtem Zustand sind die Pflanzen sattgrün gefärbt, in trockenem hell-weißlich. Ihr Wassergewebe ist im letzteren Fall lufthaltig und erscheint deshalb hell. Das Wasserspeichergewebe besteht aus großen, abgestorbenen, dünnwandigen Zellen (siehe T in Skizze), die Ringversteifungen tragen und Poren P aufweisen. Die Versteifungsringe können sich bei starkem Wasserangebot dehnen;   bei Trockenheit schrumpfen sie. Manchmal werden sie von grünen Kugelalgen bewohnt. Dazwischen sind lebende Zellen L angeordnet. Befeuchtet nimmt das Torfmoos eine sattgrüne Farbe an.

Wassergewebe bei Sukkulenten

Andere Formen von Wassergeweben als die bei den *Sphagnum*-Arten kommen insbesondere bei Sukkulenten vor. Sie sind groß und belebt, enthalten aber keine Blattgrünkörner. Ihr Plasma enthält große Tropfen einer wässrigen oder schleimigen Flüssigkeit. In solchen Zellen, die reihenweise nebeneinanderstehen, speichern beispielsweise die Kakteen, aber auch Aloe, Agave und die „lebenden Steine" der Wüstengattung *Mesembryanthemum* über einen langen Zeitraum große Mengen an Wasser.

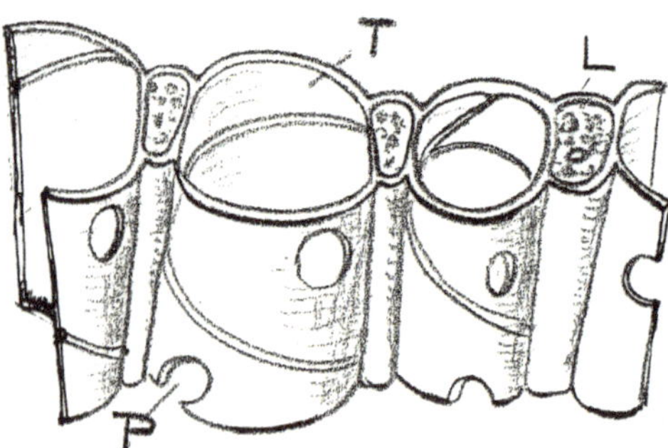

Larvenstube der Pillenwespe

Die Pillenwespen (Gattung *Eumenes*) bilden zusammen mit den in Lößwänden Gänge bohrenden Lehmwespen der Sammelgattung *Odynerus* eine Hautflüglerfamilie (Eumenidae). Aus Lehm baut *Eumenes* knapp zentimetergroße, urnenförmige Gebilde. Sie bringt das Material in Form feuchter, kleiner Kügelchen zur Baustelle und fertigt so stückweise erst eine kleine Halbkugel, die sie dann fast vollständig zur Vollkugel schließt. Oben wird ein kleiner Eingangstrichter aufgesetzt, ähnlich wie bei einer Amphore. Nach Ablage eines Eis trägt die Wespe mehrere paralysierte, das heißt lebende, aber bewegungsunfähig gemachte, Raupen ein und verschließt dann das Ganze. Die schlüpfende Wespenlarve nährt sich von dem eingetragenen Proviant und verpuppt sich auch in der Lehmpille. Ein *Eumenes*-Weibchen kann mehrere solcher Gehäuse bauen.

Die *Odynerus*-Arten verstauen das ausgebuddelte Löß-Material in Form eines auffallenden wasserhahnähnlichen Anhangs vor dem Einflugloch. Er schützt dieses vor Regen und bietet gleichzeitig eine Anflugrampe.

Die beiden Bilder in der mittleren Leiste rechts zeigen einen länglichen Bau der großen, mediterranen Töpfergrabwespe (*Sceliphron destillatorium*) nach Verlassen der Imagines (Ausfluglöcher) und abgelöst, sodass die einzelnen Zellenansätze sichtbar werden.

Eikokon der Braunen Feldspinne

Ein *Agroeca*-Glöckchen (das „Feenlämpchen") wurde bereits auf Seite 106 vorgestellt. Wenn die Spinne ihre Eier abgelegt hat, baut sie sich vom Glöckchen einen Faden zum Boden und holt in winzigen Portionen feuchte Erde hoch, die sie lückenlos millimeterdick aufträgt. So sieht das Glöckchen aus wie ein Erdspritzer an einem Pflanzenteil und fällt nicht auf. Außerdem schützt die hart gewordene Erdschicht vor Austrocknung und (wenn auch nicht verlässlich) gegen das Anbohren der Eier durch kleine Schlupfwespen.

Einen knappen Monat nach der Eiablage schlüpfen die Jungspinnen und kriechen in den unteren, größeren Hohlraum des Kokons ein. Dort verbringen sie geschützt die ersten beiden Wochen und beißen sich dann ein Loch ins Freie.

Die untere Bildleiste zeigt links ein fertiggestelltes und getarntes *Agroeca*-Glöckchen im ursprünglichen Zustand und aufgeschnitten. Rechts dasselbe Glöckchen, aufgeschnitten.

Schutzgehäuse

Sackträgerraupe

Ihren Namen hat die Schmetterlingsfamilie der Sackträger Psychidae nach der Eigenschaft ihrer Raupen erhalten, sich mit einem sackartigen Gebilde aus Pflanzenteilen (oder Sand) zu umgeben. Durch Gespinstfäden werden die Teilchen fest miteinander verwoben, ähnlich wie die wasserlebenden Köcherfliegenlarven ihren Köcher bauen. Auf Grund des Erscheinungsbildes kann man manche Arten ungefähr einordnen; so dürfte die abgebildete Raupe mit ihrem aus Blatteilchen und Stängelchen zusammengekitteten, groben Sackgebilde der Art *Coleophora unicolor* zuzuordnen sein, und zwar dem Männchen dieser Art. Das Weibchen baut einen zarteren Sack aus dünneren, kurzen Pflanzenteilen. Schon vom ersten Raupenstadium an leben die Larven in einem Sack, den sie ständig mit sich herumschleppen.

Sie sind bei uns gelegentlich auf Gartenpfählen oder Geländern zu finden. In dem Sack überwintert die Raupe auch, ein- oder zweimal. Schließlich erfolgt sogar die Verpuppung im Sack, der zu diesem Zweck vorn festgesponnen wird. Zu Beginn baut die Larve zunächst eine Art Gürtel aus kettenartig miteinander versponnenen Pflanzenteilen.

„Kuckucksspeichel"

Die Larven der Schaumzikade (*Philaenus spumarius*) hausen am Grund eines selbst erzeugten Schaumgehäuses, das der Volksmund auch als „Kuckucksspeichel" bezeichnet. Das einen halben Zentimeter lange Geschöpf saugt Pflanzenflüssigkeit auf, von der die größere, unverdaute Menge aus dem After wieder austritt.

In die Flüssigkeit werden Luftbläschen gepumpt, die sie zu Schaum aufblasen. Dass der Schaum so beständig ist, rührt daher, dass die Larve ihm bestimmte Eiweißbestandteile aus ihrem Stoffwechsel beimengt, die ihn stabilisieren. Wenn sie atmen will, steckt sie die Hinterleibsspitze aus dem Schaum heraus, der sie vor Austrocknung und dem Gefressenwerden schützt.

Die Wiesenschaumzikade lebt an unterschiedlichen Kräutern, häufig am Wiesenschaumkraut. An Weiden und Pappeln findet man die Weidenschaumzikaden oft in solchen Mengen, dass die zusammensinternden Schaumgehäuse regelrecht heruntertropfen. Die auffällige und deshalb recht bekannte schwarzrote Blutzikade lebt als Larve dagegen in einem Schaumnest an Pflanzenwurzeln.

Baustoff Chitin

Brustschild einer Baumwanze

Baumwanzen (Pentatomidae) und Lederwanzen (Coreidae) gehören zu den besonders stark gepanzerten einheimischen Wanzen. Der Deckpanzer der Brustregion bildet eine formstabile und beulungsunempfindliche Schalenkonstruktion (vgl. Seite 2 und 3) aus Chitin. Mit der Lupe erkennt man eine starke Strukturierung und Punktierung der äußeren Schicht.

Man braucht ein Elektronenmikroskop!

Der Feinbau dieses Werkstoffs lässt sich dagegen nur elektronenmikroskopisch erfassen. Von einer den Körper umhüllenden Zellschicht aus wird das Chitin nach außen abgegeben, und zwar in ständig wechselnder Laufrichtung seiner feinsten Lamellen. Diese bilden schließlich ein Netzwerk übereinanderliegender Schichten, in denen die Fasern einer Schicht immer um einen bestimmten Winkel gegen die nächstuntere versetzt sind. So wird Zugfestigkeit in allen möglichen Richtungen erzeugt. Nach außen folgt nach einer Zwischenschicht aus eher elastischem Material eine dünne, aber äußerst harte, Abschlussschicht. Diese kann unterschiedlich gefärbt sein. Meist sind dunkle Schichten besonders hart. Durchsetzt ist dieser Vielkomponenten-Werkstoff mit zahlreichen parallel zueinander laufenden, äußerst dünnen Kanälen, die eine Verbindung mit der (lebenden) Bildungszellschicht haben. Bei Wanzen kann man bisweilen fast drei Millionen Porenkanäle auf einem einzigen Quadratmillimeter annehmen! Auf dieser dreischichtigen Abschlusshülle liegen außen noch parallele dünne Lagen, abwechselnd geschichtet aus Eiweiß- und Fettbestandteilen. Darauf erstreckt sich eine Wachsschicht gegen Wasserverdunstung, die aus Material gebildet ist, das in den Porenkanälen von den Bildungszellen nach außen transportiert worden ist. Die letzte Schicht ist eine als „Zement" bezeichnete Lage aus mechanisch widerstandsfähigen Eiweißbestandteilen.

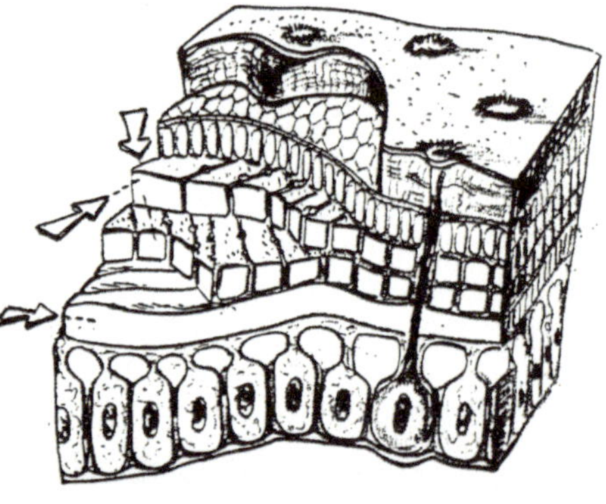

Chitinkleid der Dornen-Randwanze

Alle diese Teile bestehen aus Chitin. Die chemische Verbindung ist ähnlich aufgebaut wie die Zellulose der pflanzlichen Zellwände, enthält aber Stickstoff. Wie die Zellulose- bilden auch die Chitinmoleküle lange Fäden, die durch Quer-Verbindungen zusammengehalten werden.

Die vernetzten Chitinketten

wiederum sind in eine eiweißartige Grundsubstanz anderer chemischer Zusammensetzung eingebettet, sodass man den Deckpanzer der Insekten mit einiger Berechtigung mit „faserverstärktem Kunststoff" vergleichen kann. Ein interessanter Fall – biologische Evolution wie technische Weiterentwicklung (die ja nichts anderes als Fortsetzung der Evolution mit anderen Mitteln ist) haben in analoger Weise für einen bestimmten „Zweck" zu gleichartig optimierten Strukturen geführt.

Der Werkstoff Chitin

ist leicht (spezifisches Gewicht 1,3 g/cm³), druck- und bruchfest sowie nicht nur gegen mechanische, sondern auch gegen chemische Einflüsse sehr stabil. Bei der Häutung wird unter der alten Schutzschicht eine neue, meist gefaltete, angelegt. Nach dem Abstreifen der äußeren festen Hülle, und nur dann, wächst das Tier, wobei sich die neue, noch weiche und fältelig angelegte Schutzschicht streckt. In der folgenden Phase der Aushärtung, die auf Durchtränkung mit einer chemischen Substanz beruht und sich in einer Dunkelfärbung manifestiert („Chinongerbung"), wird die neue Oberfläche gebildet. Durch die Porenkanäle ergießen sich die Wachs- und schließlich Zementschicht an die Außenfläche; innen werden weitere Schichten angelagert, bis das Ganze wieder den mehrschichtigen Bau erreicht, der im linksstehenden Abschnitt geschildert worden ist.

Stockwerks- und Spantenbauweise

Korallenstock

Die Orgelkoralle (Gattung *Tubipora*), ein Tier der Korallenriffe des Indischen Ozeans, bildet parallele Skelettröhren, die durch Zwischenetagen miteinander verbunden sind. Die Röhren entstehen aus Kalkteilchen, die sich im lebenden Gewebe ablagern und schließlich zu festen Röhren zusammenschmelzen. Während die Polypen wachsen, verlängern sich auch die Röhren. Wenn die basalen Teile im Laufe der Zeit absterben, werden sie durch die genannten Zwischenböden abgeschnürt. Der Ausschnitt, den das rechte Bild zeigt, wird so allein aus unbelebter Kalksubstanz angelegt. Durch die Skelettböden verschmilzt das Röhrensystem zu einer festen Unterlage, auf der sich immer wieder neue Polypen und andere Tiere ansiedeln können. So entsteht ein Korallenriff.

Neben den Orgelkorallen gibt es dutzende andere Korallenformen, z. B. hirn- oder fächerförmige. Alle aber beruhen auf demselben Bauprinzip miteinander verschmelzender Kalkröhrchen.

Schalenpanzer des Taschenkrebses

Der Seitenrand des Panzers ist leicht gelappt und verbreitert; im Inneren finden sich in den Lappenzwickeln durchlaufende Spanten.

Am Strand werden oft tote Krebse oder Krabben bzw. deren Schalenteile angespült, aus denen die Weichteile herausgewittert sind. Häufig findet man dann vollständig erhaltene Formstücke des zentralen Panzers, von dem Mundwerkzeuge, Antennen, Beine und Hinterleibsteile abgefallen sind. Sie bilden in sich eine formstabile Schalenkonstruktion, die an den Zwickeln durch eine spantenartig hervortretende Kalksubstanz abgestützt wird, besonders an den Stellen, wo Kräfte übertragen werden, also Muskeln ansitzen. Solche Spantenkonstruktionen finden sich auch bei kleinsten Lebewesen, beispielsweise bei den Kieselsäureskeletten der Kieselalgen (*Diatomeen*), aber auch im menschlichen Knochen.

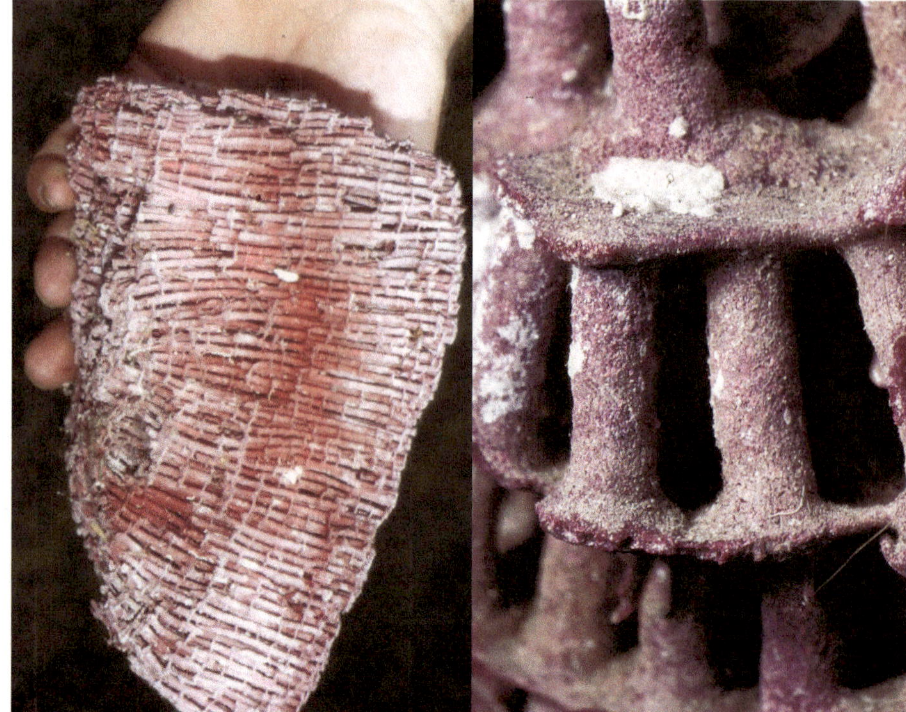

Walgerippe

Die Abbildung zeigt den Brustkorb eines mittelgroßen Wals. Zum Vergleich ist ein normal großer Mensch dazu abgebildet. Bartenwale erreichen Längen bis zu 30 m und Massen über 100 Tonnen. Sie ernähren sich von Kleinlebewesen, die sie durch Barten, verhornte Falten der Gaumenregion, aus dem Wasser sieben. Von den zehn Arten ist der Blauwal (*Balaenoptera musculus*) mit den eben genannten Kenndaten der größte Tierriese, der zurzeit auf der Erde lebt. Der Brustkorb bildet eine Art Riesenspantenkonstruktion, in der die tragenden Rippen durch Muskeln und Bänderzüge verspannt und mit weiteren Muskeln und einer abschließenden Fettschicht überzogen sind.

Knochen sind nicht immer durchgehend gleich gebaut. So besitzen beispielsweise die Rippen eines Brustkorbs in Richtung auf das Brustbein zu mehr knorpelige Anteile (mittleres Bild).

Im Gegensatz zu diesen wohl massivsten Knochenelementen derzeit lebender Wirbeltiere stehen ganz zarte, aber mechanisch hochstabile membranartige Knochenkonstruktionen.

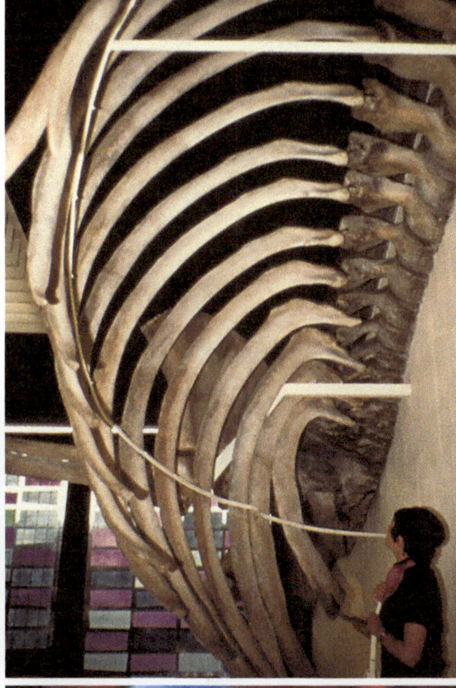

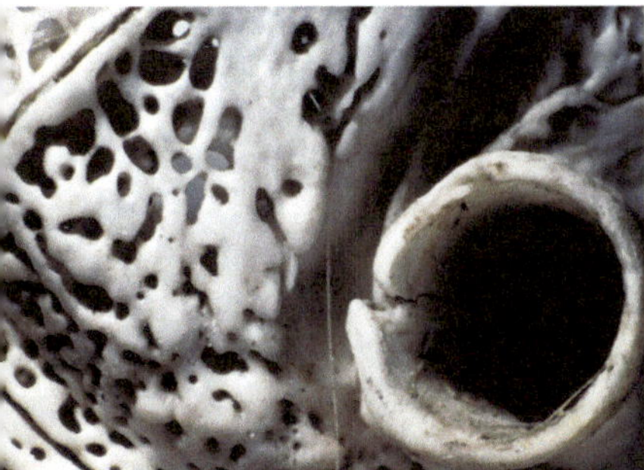

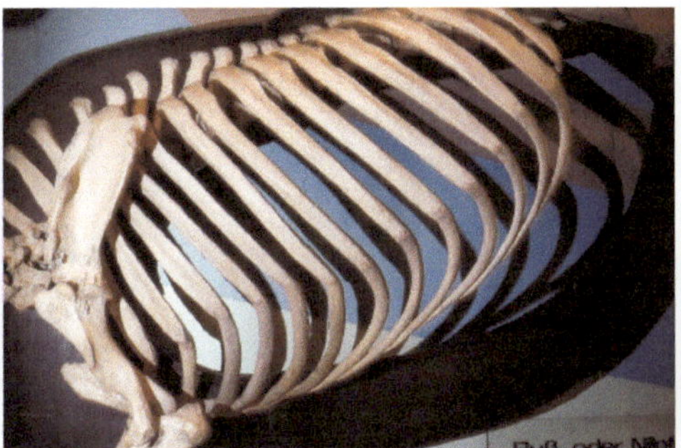

Sehr robust und dabei großflächig, aber kaum 1/10 mm dick sind beispielsweise die zu dünnen Septen verschmolzenen Knochenelemente im Schädel und Becken der Vögel. Sie sind extrem leicht und dabei erstaunlich fest. Sie sind so zart, dass im Präparat das Licht durchscheint, in der Abbildung rechts unten ist Blaulicht verwendet worden.

Leichtbau eines Hasenschädels

Knochen bestehen nicht immer aus festen Hartsubstanzen; zwischen ihnen befinden sich häufig Hohlräume, sodass eine Art Gitterkonstruktion, räumlich eine schwammähnliche Masse, entsteht. Die Stabilität muss unter dieser Leichtbauweise nicht notwendigerweise leiden. Einzelknochen in der Hinterhauptregion eines Schädels des Feldhasen (*Lepus europaeus*), deren Verwachsungslinie die Abbildung gut erkennen lässt, sind in dieser Leichtbaukonstruktion ausgeführt. Das zu einem ringförmigen Sockel ausgebildete Knochengerüst der Hörregion, in dem das Trommelfell ausgespannt war, besteht dagegen fast durchgehend aus harter Substanz. Es heißt deshalb auch „Felsenbein".

Schwammige Knochensubstanz findet sich häufig auch in den Enden der Röhrenknochen – eine feste Knochenmembran überzieht hier das hohlraumhaltige System von feinen Knochenspangen und -bälkchen. Man spricht auch von einer „Sandwich"-Konstruktion, wie sie beispielsweise bei Flugzeugflügeln angewandt wird. Hier bildet eine dehnungsfeste und formstabilisierende Aluminiumhaut den Überzug für ein druckfestes Wabenwerk aus feinen Aluminiumblättern. Sehr auffallend ist auch die bereits genannte membranartige Ausgestaltung dünnster Knochenschichten, wie man sie beispielsweise bei der lamellösen Anordnung im Elefantenschädel (Seite 122) findet.

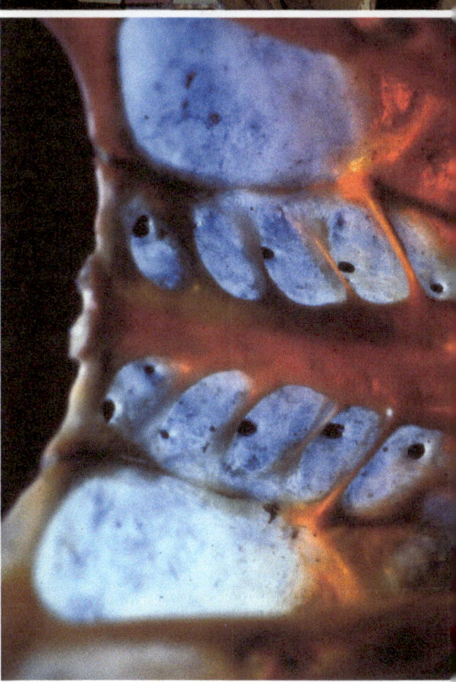

Schnitt durch einen Elefantenschädel

Die rechtsstehende Abbildung zeigt ein Bruchpräparat eines Elefantenschädels, die untenstehende einen Sägeschnitt durch den Schädel. Auch dies ist ein gutes Beispiel für die Sandwich-Bauweise, die extreme Leichtigkeit mit einer sehr guten Belastbarkeit verbindet. Relativ zarte Knochenlamellen mit großen Hohlräumen sind überzogen von einer geschlossenen Schicht aus sehr harter Knochensubstanz. Solche schwammartigen Lamellen-, Röhren- oder Bälkchenanordnungen erscheinen auf den ersten Blick als wirr durcheinanderlaufend. Dieser Eindruck ist aber falsch.

So gliedern sich z. B. die Knochenbälkchen im Oberschenkelhals und -kopf des Menschen (Seite 27) zu gerichteten Zügen und bilden ein klar systemhaft-konstruktives räumliches Netzwerk aus druck- und zugfesten Bündeln. Durch Modellexperimente konnte gezeigt werden, dass die Richtung der Knochenbälkchen mit den Richtungen größter Druck- und Zugbelastung übereinstimmt. Mit geringstem Materialaufwand fangen die Bälkchen also die auftretenden Kräfte ab und bilden somit ein ideales Leichtbausystem.

Der Knochen ist also sogar ein sich selbst regulierender Leichtbau. Die Evolution fertigt eben nicht nur „einmal festgegossene" Systeme. Sie bildet auch die Voraussetzungen dafür, dass mechanische Belastungen die Endausformung einer Anlage übernehmen können.

Röhrenknochen

Man vermindert gegebene Druck-, Biege- und Beulungsstabilitäten eines runden Vollstabs nur gering, wenn man ihn zur Röhre aushöhlt. Dabei wird aber enorm viel an Masse beziehungsweise Gewicht gespart und damit wieder an Energie, einerseits wenn die Röhre aufgebaut, andererseits wenn sie hin- und herbewegt wird. Energieeinsparung bei einem zu entwickelnden System ist, bildlich gesprochen, eine der stärksten Antriebskräfte der Evolution.

Nach dem Röhren-Prinzip sind viele Knochen gebaut – das Foto zeigt dies am Beispiel eines angeschnittenen Teils von einem Ochsen-Oberschenkel. Abweichungen vom kreisförmigen Querschnitt, aufgesetzte Knochenrücken und -leisten sowie Verbreiterungen etc. haben stets ihre funktionelle Bedeutung. Auch die Wanddicke des Röhrenknochens ist optimiert, und zwar so, dass der Knochen „so dünn wie möglich und so dick wie nötig" wird und an keiner Stelle speziell bruchgefährdet ist.

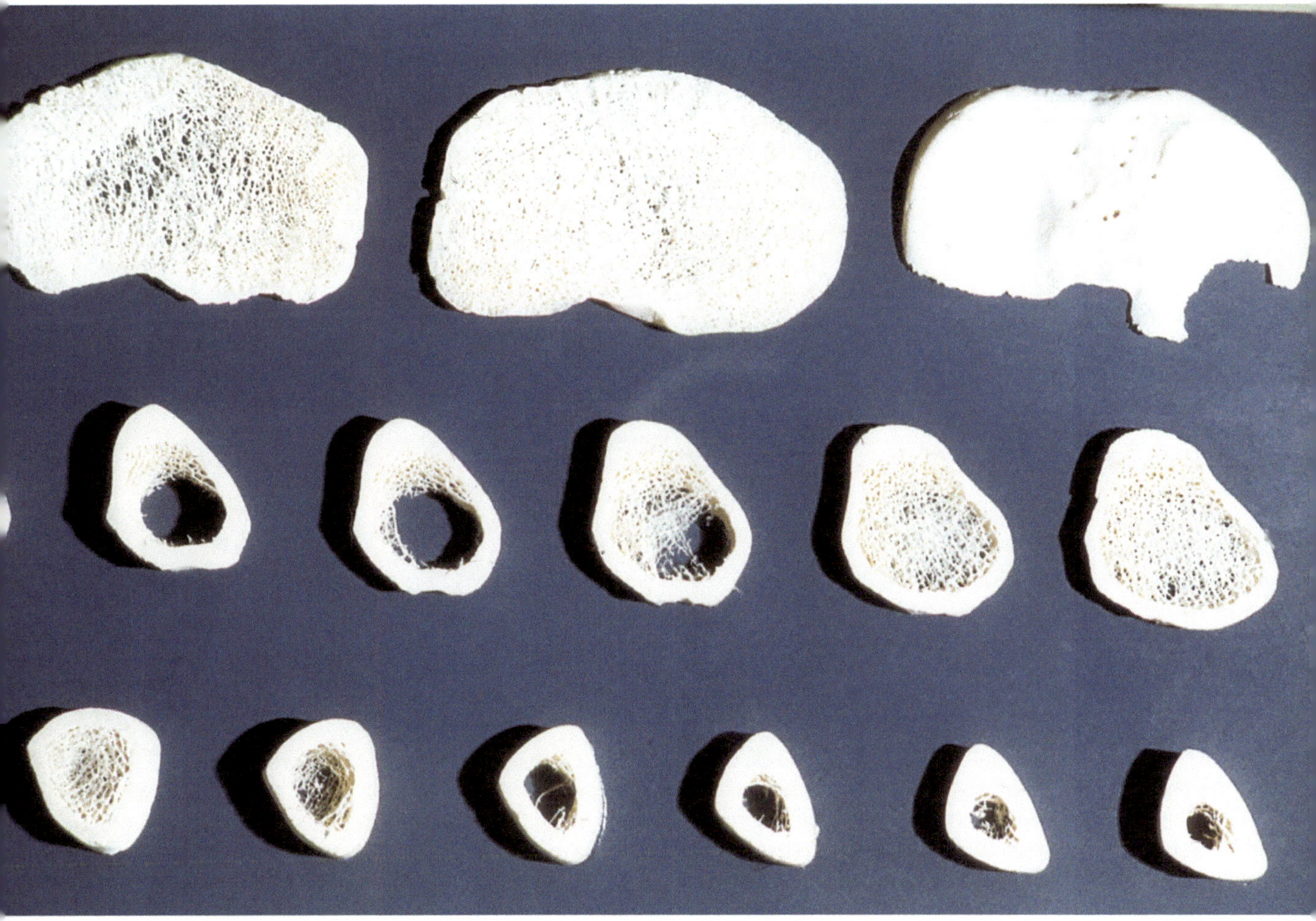

Pflanzliche Leichtbauten

Konstruktion der Klatschmohnkapsel

Die bereits auf Seite 104 vorgestellte Mohnkapsel ist, technisch gesprochen, eine Konstruktion aus steifen Spanten mit einer wenig beulungssteifen Membran. Die Septen sind außen beträchtlich versteift und bilden das tragende Gerüst, während die eigentliche Kapselwand sehr zart ist und allein nicht in der Lage wäre, das System formstabil zu halten.

Wie bei Rümpfen älterer Flugzeuge

Vergleichbare Spanten-Membran-Konstruktionen dieses Typs findet man in der Technik beispielsweise häufig bei den Rümpfen älterer Flugzeuge. So war der „Fieseler Storch" als tragende Rohrkonstruktion gebaut, die mit einer nichttragenden Abschlusshaut aus imprägniertem Stoff überzogen war. In ähnlicher Weise sind die Rumpfgondeln älterer Segelflugzeuge konstruiert.

Leichtbau des Rohrkolbens und des Kalmus

Die Blätter des Rohrkolbens (*Typha angustifolia*) sind in einer Art Schottenbauweise ausgebildet. Parallele Hohlräume im Inneren entstehen durch parallel laufende, dünne Gewebewände. Nach außen ist das Ganze durch eine – ebenfalls recht dünne – Gewebeschicht abgedeckt. So wird eine gute Druckfestigkeit erreicht, obwohl das Blatt zur Aufrechterhaltung seines Volumens wenig Material braucht. Zu über 90% besteht es aus Lufträumen, die ihm bei Überflutung eine gute Schwimmfähigkeit garantieren. Die durchlaufenden Versteifungssepten und die zwischenliegenden Lufträume sind von außen als dunkel- bzw. hellgrüne Längsbänder erkennbar.

Es gibt zahlreiche andere Versteifungskonstruktionen bei Pflanzenblättern. Sie liegen entweder im Blattinneren, wie im vorliegenden Fall, oder setzen sich dem Blatt außen als Rippen und Spanten an.

Ein Beispiel für den letztgenannten Typ bietet das Riesenschwimmblatt der Königlichen Seerose (*Victoria regia* oder *amazonica*), die man in botanischen Gärten bewundern kann. Hier sitzen radiäre Versteifungsrippen, verbunden durch konzentrisch laufende Stege, auf der Blattunterseite und verleihen dem System große Festigkeit. Es gibt auch „Stängel", die sich im Grunde aus Blattscheiden zusammensetzen. Dazu gehört die Bananenstaude (Gattung *Musa*) oder der unten rechts im Querschnitt abgebildete Kalmus (*Acorus calamus*). Seine Hohlräume garantieren der Sumpfpflanze Auftrieb, wenn sie einmal überschwemmt wird.

Biologischer „Schaumstoff"

Durch den technischen Isolierstoff Styropor ist uns geläufig, dass verhärtete Schäume bei extremer Leichtigkeit außerordentlich druckstabil sein können.

Ein ähnliches Prinzip findet sich bei der „Füllung" mancher Pflanzenstängel oder Rundblätter wie bei den Binsen (Gattung *Juncus*); ein gut bekanntes Beispiel ist auch das Holundermark. Dessen „verhärteter Schaum" entsteht dadurch, dass das lockere, zartwandige Gewebe im Inneren eines Stängels oder Sprosses, das eigentliche Mark, abstirbt und nur die zarten Zellwände erhalten bleiben. In seiner Gesamtheit trägt das dazu bei, den Stängel auszusteifen, ohne dass die zusätzliche Stützmasse ins Gewicht fällt.

Sternzellen-Gewebe einer Binse

Binsen (Gattung *Juncus*) finden sich meist in Gegenden, die oft überschwemmt werden. Das Innengewebe ihrer drehrunden, in scharfen Spitzen endenden „Halme" (eigentlich umgewandelte Blätter) muss deshalb besonders viele Lufträume enthalten, damit die zur Photosynthese nötige Luft zirkulieren und die Zellen mit ihren Chlorophyllkörnern umströmen kann.

Bei den Binsen tragen die Zellen des Inneren mehrere Auswüchse nach allen Seiten, die sich mit den Auswüchsen der benachbarten Zellen zu mehr oder minder regelmäßigen Sechseckrastern aneinanderlegen. Wegen seiner strahligen Beschaffenheit nennt man das so entstehende Gewebe auch „Sterngewebe". Durch die großen Lücken kann die Luft leicht zirkulieren. Außerdem erreicht das räumliche Sechsecknetzwerk so einerseits eine optimale gegenseitige Versteifung der Zellen und andererseits eine zusätzliche Aussteifung der Blatthohlräume.

Sechseckraster finden sich in Natur und Technik häufig, wenn es um optimale Platznutzung und Steifigkeit geht, beispielsweise bei den zusammengesetzten Augen der Insekten und den Waben der Bienen und Wespen. Sechsecke schließen nahtlos; die Sechseckraster der fast durchsichtigen „Hornhaut"-Blättchen im Insektenauge bilden eine selbsttragende Halbkugel. In der Technik werden solche Halbkugelkonstruktionen durch verschraubte oder auch verschweißte Sechseckanordnungen von Stäben bewerkstelligt. Das Gebilde kann man mit einer Folie überziehen oder mit sechseckigen Platten auskleiden und erreicht so mit geringem Material- und Gewichtsaufwand selbsttragende Hallenkonstruktionen. In St. Louis/USA wurde ein großer Kuppelbau für einen botanischen Garten nach diesem System des Sechseck-Stabfachwerks errichtet. Erst nach der Vollendung des Baus lernte der Architekt – Buckminster Fuller – die faszinierenden rasterelektronenmikroskopischen Aufnahmen des Berliner Diatomeenforschers Johannes-Gerhard Helmcke kennen und war über die bis ins Detail gehenden Ähnlichkeiten sehr verblüfft. So sagt er jedenfalls. Vielleicht hat er aber doch etwas von der Natur gelernt.

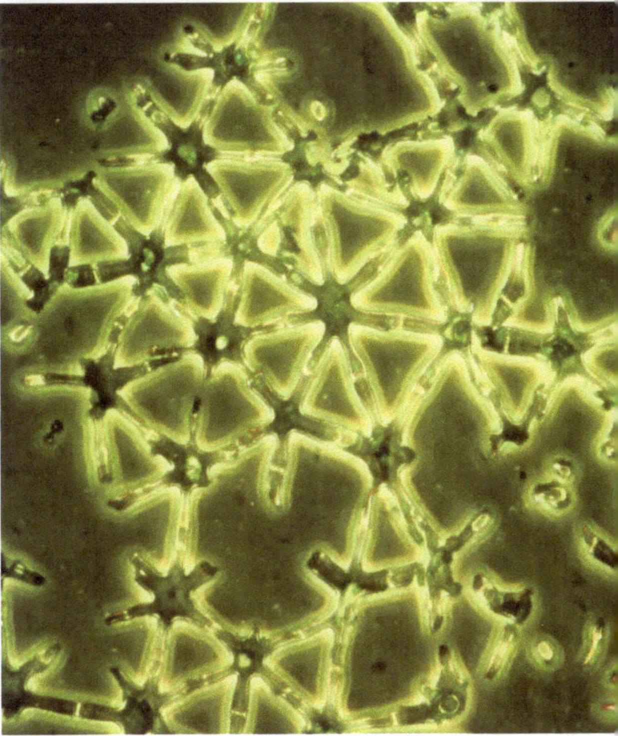

Entwicklung des Blütenstands beim Kugellauch

Die Anlage des Blütenstands des Kugellauchs *Allium sphaerocephalon* ist zunächst mit einer fein membranösen Hülle umgeben, die später reißt. Dann wachsen die Einzelblüten strahlenförmig aus. Der drehrunde, hohle Stängel trägt mit der Blütenanlage in großer Höhe ein beträchtliches Gewicht und muss außerdem unempfindlich gegen durch Wind verursachte Schwingungen sein. In der äußeren Erscheinungsform und in der konstruktiven Anforderung ähnelt der Lauch in diesem Stadium einem Fernsehturm mit dem heute üblich gewordenen ausladenden Restaurant in großer Höhe. Im Verhältnis zu seiner Höhe und zum Gewicht der zu tragenden Last ist der Stängel des Lauchs allerdings viel dünner als – auf die anderen Größenverhältnisse und Anforderungen übertragen – der Fernsehturm und seine Bestandteile (siehe rechte Seite, linkes Bild). Vergleichbare Verhältnisse wie beim Lauch finden sich beim Getreidehalm mit seinem meterlangen und nur wenige Millimeter breiten Rohr, das eine Ähre von mehrfachem Halmgewicht tragen kann.

Diskrepanz des Längen-Breiten-Verhältnisses

Man hat auf Grund dieser Diskrepanz bei den technischen und pflanzlichen Hochbauten auf eine Überlegenheit der Biologie geschlossen. Dem ist aber nicht so. Einfache physikalische Gesetze schreiben in beiden Fällen den „Plumpheitsgrad" des Bauwerks vor. Je größer es ist, desto kleiner muss der Schlankheitsgrad sein, und umso plumper erscheint es daher. Ein Getreidehalm weist ein Längen-Durchmesser-Verhältnis von ungefähr 500 : 1 auf, der Münchner Fernsehturm nur von 17,6 : 1. Könnte die Evolution den Roggenhalm so groß wie den Fernsehturm konstruieren, so ließe sich der Schlankheitsgrad des Originals nicht mehr aufrechterhalten und würde sich dem des technischen Bauwerks nähern. Dies zeigen schon Vergleiche des Schlankheitsgrades unterschiedlich hoher „botanischer Bauwerke": Roggenhalm (Höhe 1,5 m) 500 : 1; Bambus (Höhe 30 m) 130 : 1; Tanne (Höhe 70 m) 42 : 1; Riesensequoia (Höhe größer als 100 m) 15 : 1. Die Einbeziehung physikalisch-technischer Gesetzmäßigkeiten bewahrt also vor einer Überschätzung der natürlichen Konstruktion. Gleichzeitig bieten diese der Evolution unüberschreitbare Schranken. Je näher sie der „Oberschranke" kommt, desto raffinierter muss sie konstruieren. Das ist gängige biologische Erfahrung – und im Übrigen auch technische. Bereits im 19. Jahrhundert wurde das Barba-Kick'sche Gesetz der proportionalen Widerstände formuliert. Es besagt, dass höhere turmartige Bauwerke von der Dicke d und der Höhe h nicht nach der einfachen linearen Gesetzlichkeit „d proportional h hoch 1" dicker werden müssen, sondern nach der exponentiellen Gesetzlichkeit „d proportional h hoch 1,5". Damit müssen sie also zwangsläufig plumper werden.

Wenn man somit ein 50 cm dickes turmartiges Bauwerk von 10 m Höhe 10 mal höher bauen will, also 100 m hoch, darf sein Durchmesser nicht 10 mal 0,5 m = 5 m sein, sondern muss 10 mal 3 = 30 m sein. Beim Vergleich von Sträuchern mit Bäumen oder Fahnenstangen mit Fernsehtürmen kommt man rasch auf etwa solche Werte.

Riesenstauden

Der Riesenbärenklau (*Heracleum mantegazzianum*) kann doppelte Mannshöhe erreichen. Dieses aus dem Kaukasus stammende Gewächs ist dadurch bekannt geworden, dass sein Saft die menschliche Haut färbt und gegen Sonneneinstrahlung sensibilisiert, wodurch beachtliche Hautschäden auftreten können. Die zentrale Achse dieses pflanzlichen Hochbaus mit seinen gewaltigen Dolden und großen Blättern ist hohl. Wie bei den meisten Stängel- und Halmkonstruktionen befinden sich stark verholzte, zugfeste Bänder weit von der zentralen Achse entfernt, ähnlich wie die Stahlarmierung der Fernsehtürme. Dieselbe Gesetzmäßigkeit findet man bei Betrachtung der Versteifungselemente von Schachtelhalmen, Gräsern, Baumfarnen und anderen hochwachsenden Pflanzen. Solange die Wand nicht zu dünn und beulungsempfindlich wird, ist es statisch günstig, tragende Elemente möglichst weit am Rand anzuordnen, und dadurch – technisch gesprochen – das Polare Flächenträgheitsmoment I_P möglichst groß zu machen. Angenommen, in das Schwammgewebe eines Pflanzenstängels wird zentral ein runder Stützstab mit einem bestimmten Querschnitt eingebaut. Macht man aus dem Stab ein Rohr gleichen Querschnitts und schiebt dieses Rohr immer weiter nach außen (wobei sich seine Dicke verringern muss, wenn der Gesamtquerschnitt konstant bleiben soll), so steigt I_P auf ein Vielfaches an (3 Beispiele zeigt die Skizze). Der Stängel wird also (bis zu bestimmten Grenzen) immer biegestabiler, ohne dass sich der Bedarf an Stützmaterial vergrößert.

Flatterstabilität und Zugfestigkeit

Ausformung eines Meerestangs

Das Foto zeigt den Zuckertang (*Laminaria saccharina*), wie er an der bretonischen Küste vorkommt. Tange sind starken Gezeitenbewegungen ausgesetzt, und dürfen dabei weder einreißen noch überdehnt werden. Das Geheimnis ihrer Festigkeit liegt – scheinbar paradoxerweise – in ihrer Nachgiebigkeit. Sie sind in der Lage, jeder Wasserbewegung zu folgen. In flexiblen, nachgiebigen, langgestreckten Gestalten mit gewellten, zerfiederten, oft fast zerrissen erscheinenden Umrissen findet man sie auch in Meeresgebieten, in denen die starke Brandung das Überleben größerer Pflanzen unmöglich zu machen scheint.

Die Flexibilität vieler Arten ist auf einen besonderen Feinbau zurückzuführen, ähnlich dem oben näher beschriebenen „Sandwich"-System (Seite 122). Eine wabige Innenstruktur ist von einer sehr zähen, glitschigen Außenmembran umgeben. Kein Teil der Pflanze ist aber durchgehend hart, höchstens knorpelig-gallertig. Alle Elemente sind in gewissen Grenzen verformbar, insbesondere dehnbar.

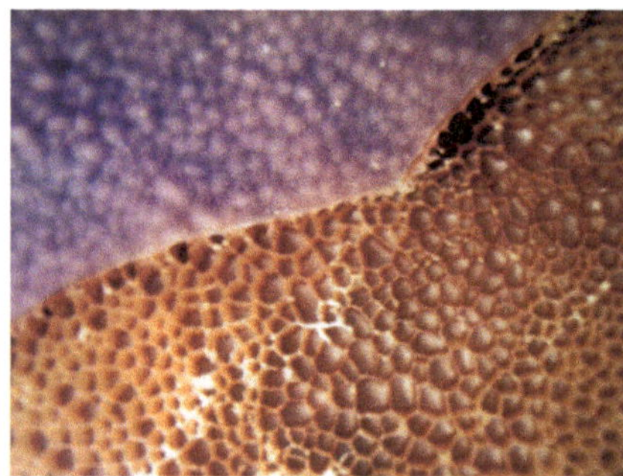

Draufsicht bzw. Querschnitt des Meerestangs *Durvillaea antarctica*

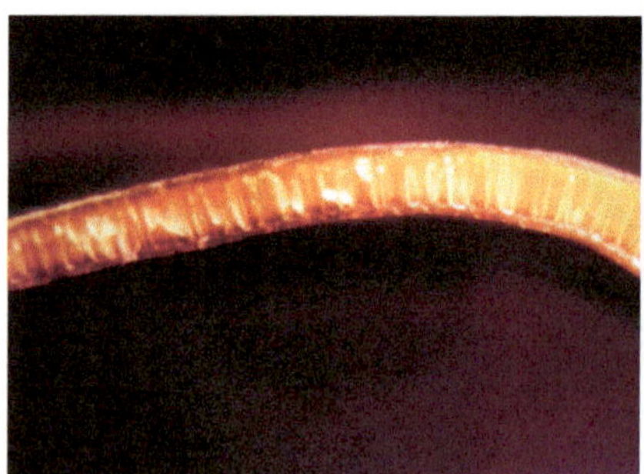

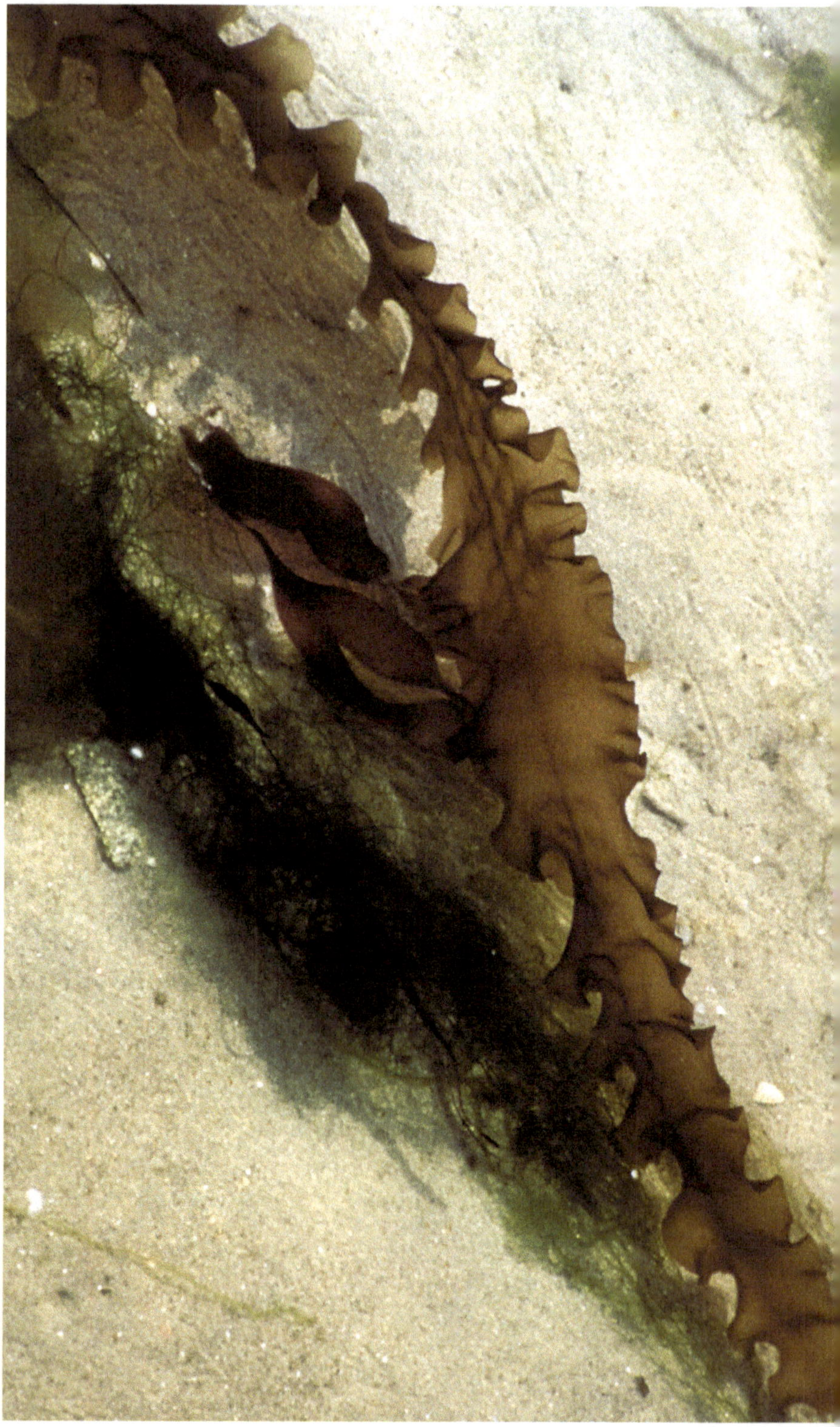

Stamm der Waldrebe

Eine der wenigen relativ weitverbreiteten Lianen in unseren Wäldern ist die Waldrebe *Clematis vitalba*. Meist sind ihre kletternden Stämme nur zentimeterdünn; sie können aber in besonderen Fällen die Stärke eines Kinderarms erreichen. Alle Lianen sind zugfest und werden auch durch seitliche Schwingungen nicht beschädigt.

Clematis-Stängel können bei uns bis zu 20 m lang werden; das Extrem solcher Kletterpflanzen stellen tropische Rotangpalmen dar, Kletterbäume, die mehrere 100 m Länge erreichen und dabei nicht dicker als 4 cm werden. Bei den meisten Lianen bleiben die Leitbündel strangförmig getrennt und sind, relativ weit außen liegend, kranzförmig um das zentrale Mark angeordnet. In verholzten Stämmen, wie sie für die Waldrebe typisch sind, teilt sich das harte Gewebe während der Entwicklung in einzelne Sektoren auf, die mit zartem Bindegewebe verbunden und somit gegeneinander verschiebbar werden. Die Rinde bildet übereinanderliegende Halbrohre mit tiefen Längsfurchen, ebenfalls ein Konstruktionsmerkmal für hohe Biegeelastizität. Die Abbildung rechts zeigt Schnitte durch ein verwittertes Stämmchen mit großen Holzgefäßen.

© Springer-Verlag GmbH Deutschland, ein Teil von Springer Nature 2018

G. Glaeser, W. Nachtigall, *Die Evolution biologischer Makrostrukturen*, https://doi.org/10.1007/978-3-662-57826-1_6

6 Packungen, Anlagen, Entfaltungen

Raumoptimiertes Stapeln

Als Verpackungen für empfindliche Strukturen, zum Beispiel für embryonale Anlagen, findet sich in der Natur eine Vielzahl von Elementen, gerade auch im Makrobereich. Flächenfüllungen und Raumpackungen etwa bei Früchten und Samen zeigen, wie die Natur raumoptimiert stapelt. Im Reifezustand müssen sich all diese Strukturen entfalten. Das kann durch Wachstumsvorgänge oder Druckerhöhung geschehen, auch durch Spannungsausgleich (Blütenmechaniken) oder durch Austrocknungsvorgänge, wie das die Bucheckern oder Esskastanien zeigen.

Verpackungen

Fruchtknoten eines Liliengewächses

Am fleischigen Fruchtknoten kann man bei dieser Pflanze schon erkennen, dass die Frucht nach dem Austrocknen mit drei Spalten aufspringen wird; jede der drei Klappen trägt einen zentralen, nach innen weisenden Steg. Am verbreiterten Ende dieser Stege sitzen die Samenanlagen, jeweils nach außen gegen die Hohlräume der Klappen gerichtet, in Reihen geordnet übereinander.

Der Fruchtknoten wird zur Frucht – hier zu einer trockenen Kapselfrucht. Seine Wand wird zur Fruchtwand, die herkunftsmäßig in einen äußeren, mittleren und inneren Teil (Exo-, Meso- und Endokarp) gegliedert ist. Die Frucht kann noch von Produkten der Blatthüllen umgeben sein. Die Samenanlagen werden zu den Samen. Nach dem Trocknen reißt die Frucht im oberen Teil dreispaltig auf, und die Samen können herausgeschüttelt werden oder fallen nach dem Umkippen heraus. Neben dieser Verpackungsart von drei mal zwei Reihen gibt es noch unzählige andere Möglichkeiten, Samenanlagen im Fruchtknoten raumsparend unterzubringen.

Walnuss

Der essbare Teil der Echten Walnuss (*Juglans regia*) ist trotz seines gefurchten Aussehens und des Auftretens zweier sich kreuzender Scheidewände ein einziger Samen. Umgeben ist er von einem dünnen, dunkelbraunen Häutchen, und geschützt durch einen massiv verholzten, hellbraunen Steinkern – den umgewandelten Endokarp. Umhüllt wird diese Nuss (die botanisch besehen bis vor kurzem als Steinfrucht bezeichnet worden ist), von einer aufspringenden, hautumhüllten Fruchthülle (Haut: Ektokarp, fleischiger Teil: Mesokarp), die aber auch als umgewandelte Blattumhüllung gedeutet werden kann. Eichhörnchen und Eichelhäher verstecken die Nüsse als Wintervorrat; vergessene keimen aus und verbreiten so die Art.

Eigelege einer Heufangschrecke

Die Heufangschrecke *Empusa pennata* ist in Südeuropa verbreitet. Nach der Begattung baut das Weibchen Eikokons, in denen die Eier nebeneinander, meist in senkrechter Richtung, liegen, wie Bleistifte in einer Verpackung. Eingebettet sind die Eier in eine rasch erstarrende, schaumartige Masse, die erstaunlich widerstandsfähig ist und die fingergliedlange Eimasse schützt wie eine Styroporverpackung ein empfindliches Gerät. Wenn die jungen Larven schlüpfen, reißt das Eigelege an einer präformierten Naht auf, und die zentimetergroßen, glasartigen Jungtiere rutschen kopfunter aus der schützenden Hülle. Ein Gelege enthält an die 100 bis 300 Eier, die nur infolge der exakten Parallellagerung im Kokon Platz haben. Ein Weibchen fertigt bis zu einem Dutzend derartiger Kokons.

Eier der Zitterspinne

Die Weibchen der Großen Zitterspinne (*Pholcus phalangioides*) betreiben bis zu einem gewissen Grad Brutpflege, indem sie ihre Eier in einen dünnen Kokon einspinnen und so lange mit sich herumgetragen, bis die Jungen geschlüpft sind (Bild unten).

Nachdem die kugelförmigen Eier ungefähr dieselbe Größe haben, drängt sich ein interessanter mathematischer Vergleich zur sogenannten „Newtonschen Kusszahl" auf: Newton vermutete zu Recht, dass um eine Kugel im Zentrum zwar bequem 12 gleich große, aber niemals 13 solche Kugeln passen (Bild rechts unten). Die Natur erweist sich dagegen wie so oft als „pragmatisch", indem sie leichtes Quetschen erlaubt und einer 13. Kugel bequem Platz macht. Insgesamt tragen Zitterspinnen bis zu 20 Eier mit sich herum.

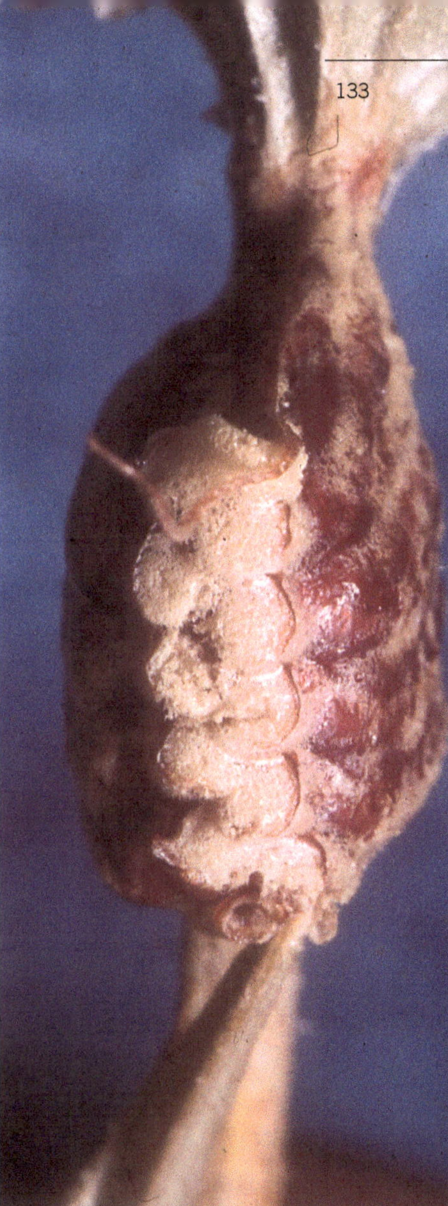

Raumpackung von Blüten und Früchten

Wenn Teilfrüchte an einem zentralen Zapfen sitzen und ein bestimmtes, geometrisch definiertes Volumen einnehmen, wie im vorliegenden Beispiel, so müssen sie selbst in bestimmter Weise geformt sein – in diesem Fall spitzkegelig und an den Berührungsstellen leicht abgeflacht. Die Evolution solcher Packungen bestimmt nicht jede Berührungsfläche und damit auch nicht die Form der Einzelelemente. Diese gewinnen ihre Eigenart vielmehr durch die Raumkonkurrenz, verbunden mit eigenem Wachstum. Es sind also wieder physikalische Bedingungen, die der endgültigen Ausformung ihren Stempel aufprägen. Im Fall idealer Raumnutzung sind solche räumlichen Packungselemente sechsflächige Prismen. Dies wird beispielsweise erkennbar an den Einzelelementen von Kiefernzapfen oder an den Einzelaugen der Komplexaugen von Insekten, zumindest in den äußeren Teilen. Auch die dünnwandigen Zellen pflanzlicher Wachstumsgewebe – die ohne gegenseitige Berührung etwa kugelig wachsen würden – sind vielfach in idealer Packung ineinander geschachtelt. Sie bilden dann im Durchschnitt geometrische Körper mit 12 bis 14 Flächen, die einem bestimmten Idealkörper (ein 14-Flächner mit 8 Oktaeder- und 6 Würfelflächen besitzt das günstigste Oberflächen-Volumen-Verhältnis) schon ziemlich nahekommen. Diese ideale Packungsform hat man bei Experimenten mit Schäumen herausgefunden. In der Technik werden Tetraeder, die sich in einem sechskantigen Prisma spaltfrei stapeln lassen, häufig verwendet. Vielleicht erinnern Sie sich noch an die tetraedrischen Milchtüten der 60er Jahre?

Eine besonders gedrängte Raumpackung stellen die Blütenstände des Kalmus (*Acorus calamus*) dar. Die aus Asien stammende Pflanze ist seit dem 16. Jahrhundert eingebürgert und heute gelegentliche Mitbewohnerin von Röhricht- und Sumpfschwertlilien-Beständen. Unter diesen fällt sie durch ihre meist randlich gewellten Blätter auf. Der Blütenstand ist kolbenförmig und steht schräg vom Spross ab. Er ist zwittrig; männliche und weibliche Einzelblüten sind eng gepackt ineinander geschachtelt. Die weiblichen Blüten entwickeln sich zuerst („vorweiblich"). Bestäuber sind Fliegen. Die bei uns eingebürgerte Form entwickelt aber keine Früchte, da sie wegen ihres dreifachen (triploiden) Chromosomensatzes steril ist. Die Ausbreitung erfolgt ausschließlich über den im Gewässerschlamm kriechenden Wurzelstock.

Rein äußerlich betrachtet ganz ähnlich wirkt der walzenförmige Fruchtstand der Hängebirke (*Betula pendula*). Die Blütenkätzchen hängen in der Endphase senkrecht herab. Nach der Fruchtreife erkennt man, in engen Spiralwindungen an einer zentralen Achse stehend, die angedeutet geflügelten Früchte in großer Vielzahl. Die „Flügel" werden von den beiden zurückgebogenen Seitenlappen der Fruchtschuppen gebildet, während der Mittellappen gerade geformt und spitz ist. Abgebildet ist er auf Seite 99.

Die untenstehende Bildleiste zeigt Raumlagerungen von Früchtchen, links um einen Zapfen herum, in der Mitte um einen Hohlzapfen herum (Weberkarde, *Dipsacus fullonum*), rechts auf einem leicht gewölbten Blütenboden.

Flächendeckung bei Korbblütlern und Blattrosetten

Betrachtet man die Einzelblüten oder, nach der Reifung, die Einzelflächen im zusammengesetzten Blüten- oder Fruchtstand eines Korbblütlers, so scheinen die Teilblüten oder Teilfrüchte in spiraligen Reihen angeordnet zu sein. Die Fläche wird lückenlos bedeckt. Dies zeigt ausgeprägt die Sonnenblume, unscheinbarer aber auch schon das Gänseblümchen. Auch Pflanzenblätter stehen oft spiralig um den Stängel herum. Wenn man sie von oben, also genau in Richtung der Stängelachse, betrachtet oder fotografiert, so hat man sie in einer Ebene abgebildet und kann nun die Projektionswinkel zwischen zwei Blättern ausmessen. Beim mittleren Wegerich (Bild oben) oder anderen Pflanzen, die Blattrosetten ausbilden, ist das besonders einfach zu bewerkstelligen. Hierbei werden verblüffende mathematische Gesetzmäßigkeiten deutlich. Wenn man beispielsweise bei einer so betrachteten Pflanze die Blattspitzen durch einen Kurvenzug verbindet – in Richtung vom jüngsten zum ältesten, wie in der Skizze dargestellt, oder umgekehrt –, so ergibt sich eine recht regelmäßige Spirale. Da bestimmte Blätter in regelmäßiger Aufeinanderfolge in dieselbe Richtung zeigen (Blatt 1 steht wie Blatt 6, Blatt 2 wie Blatt 7 usw.), ergibt sich ein System von in diesem Fall fünf radiären Vorzugslinien – die Geradlinien G1 bis G5. Zwei solche Geraden schließen zwischen sich einen Winkel von 360°/5 = 72° ein. Von Blatt 1 bis zum gleichgerichteten Blatt 6 etc. beschreibt die Spirale zwei Umläufe. Bildet man aus der Zahl der Umläufe nU als Zähler und der Zahl der Geradlinien nG als Nenner einen Bruch, so ergibt sich im vorliegenden Fall der Wert 2/5. Zwei Fünftel des Kreiswinkels von 360° sind aber 144°. Dies ist der Winkel, unter dem zwei aufeinanderfolgende Blätter (also 1 mit 2, 2 mit 3 etc.) zueinander stehen. Er ist konstant. Der Winkel zwischen zwei Geradlinien ergibt sich somit auch aus dem Winkel zwischen zwei Blättern, geteilt durch die Zahl der Umläufe bis zur Deckungsgleichheit: 144°/ 2 = 72°. Bei engerer Stellung und einer größeren Zahl von Umläufen (Beispiel: Sonnenblume) zeigt sich, dass die Geradlinien zu Spirallinien abgebogen werden. Untersucht man nun viele Pflanzenarten, bildet jeweils den Bruch nU/nG bzw. nU/nS und ordnet sie nach zunehmenden Werten des Nenners, so ergibt sich die folgende Reihe: 1/2; 2/5 (Skizze) ; 3/8; 5/13; 8/21; 13/34; 21/55; 34/89 (Skizze). Es zeigt sich nun, dass man jeden Bruch der Reihe dadurch gewinnen kann, dass man bei Zähler und Nenner jeweils die Werte der beiden vorhergehenden Brüche addiert. Multipliziert man jeden Bruch mit 360, so ergeben sich die Winkel zwischen zwei aufeinander folgenden Blättern. In derselben Reihe ergibt die Winkelanordnung: 180°; 120°; 144°; 135°; 138° 27'; 137° 8'; 137° 38'; 137° 27'; 137° 31'. Betrachtet man nun die Differenzen zwischen jeweils zwei Winkeln, so folgt daraus, dass sich die Winkelwerte im Fortgang der Reihe in immer kleineren Sprüngen nach oben und nach unten einem Grenzwert von 137° 30' … nähern. Dieser Winkel teilt aber den Kreis nach dem berühmten Goldenen Schnitt!

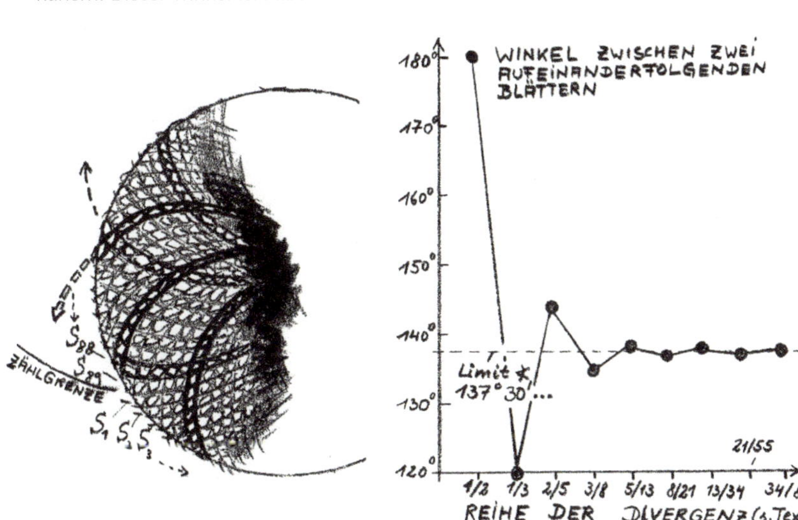

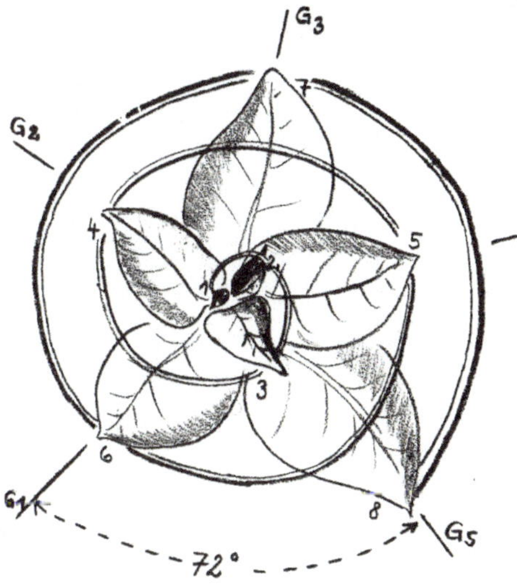

Raumpackungen (2)

Wenn die Mathematik ins Spiel kommt

Beim Anblick von Sonnenblumen, Gänseblümchen und vieler anderer Blüten (z. B. *Echinacea*-Arten) erkennt das menschliche Auge Spiralen. Mal drehen sie sich links rum, mal rechts rum. Die Spiralen sind näherungsweise logarithmische Spiralen und hängen auch mit den Fibonacci-Zahlen zusammen. Der Grund der Anordnung ist immer derselbe: Die Pflanze will möglichst viele Samen auf kleinster Fläche verteilen. Beim Wachsen erweist es sich dabei als weitaus am günstigsten, die nächste Einzelblüte durch Verdrehen im goldenen Winkel bei gleichzeitiger exponentieller Vergrößerung des Abstands vom Zentrum zu wählen. Jede Pflanze wird den von ihr „gewählten" Winkel an die Nachkommen weitergeben. Durch geringfügige Mutationen wird es zu Veränderungen im Winkel kommen. Jene Pflanze, die den besten Winkel gewählt hat, kann mehr Nachkommen hinterlassen. Dementsprechend setzt sich der optimale Winkel immer wieder aufs Neue durch.

Optimale Packungen

Für den Mathematiker sind solche Packungen auf engstem Raum hochinteressant. Wenn man davon ausgeht, dass in der Natur „ein bisschen Quetschen" erlaubt ist, werden die exakten besten Lösungen von der Evolution sogar noch übertroffen (siehe dazu auch Seite 133). Ganz unten sieht man die Computer-Simulation der Anordnung der Einzelblüten bei der Sonnenblume, wobei gewisse Überlappungen toleriert werden. Durch Drehen an diversen „Schräubchen" (= Parametern) kommt man unweigerlich zu dem, was uns die Natur tagtäglich vorführt.

Die rechte Seite zeigt die Simulation der optimalen Anordnung von Kugeln auf einem Ellipsoid, wie man sie mit einiger Fantasie auf jedem Gänseblümchen findet.

Farnwedel

Äußerst vielfältig sind Blattanlagen gestaltet. Die Blätter rollen, dehnen, klappen, falten, entknittern sich aus oft verblüffend kleinen Anlagen zu ihrer endgültigen Gestalt. Ein Beispiel für den letztgenannten Entfaltungsmodus gibt der Klatschmohn *Papaver rhoeas* (Bildserie unten rechts); seine Blütenblätter sind in der Knospe zusammengefaltet wie eng zusammengeknülltes Schokoladenpapier. Beim Farnwedel ist das Blatt in einer Ebene gerollt angelegt, während die Fiederblätter senkrecht dazu zusammengerollt sind, sodass eine Art Doppelwendel entsteht. Von der Basis zur Spitze hin entrollt sich das Blatt in seine endgültige Form.

Blattknospe der Esche

Löst man die Schuppen der Blattknospen bei der Esche (*Fraxinus excelsior*) ab (unten links), so findet man die Blattanlagen jeweils so angeordnet, dass zwei Elemente wie zwei hohle Hände einander gegenüberstehen und zwischenstehende kleinere Elemente schützen, die um 90° versetzt sind. An der Peripherie dieser eiförmigen Gebilde läuft die Hauptrippe entlang, während die Seitenrippen schräg nach oben gerichtet sind und noch eng nebeneinander liegen. Das dazwischen befindliche Blattgewebe ist eingefaltet und wird erst bei der Faltung und Streckung in eine Ebene gebracht. Auch hier sind physikalische Vorgänge bei der endgültigen Ausformung entscheidend beteiligt, welche die Evolution in ihr Bildungssystem einbezieht. (Gegen Ende dieser Zusammenstellung sei der Sicherheit halber doch nochmals gesagt, dass anthropomorphe Darstellungen rein sprachliche Hilfsmittel für die Beschreibung unanschaulicher Vorgänge sind, sonst nichts. Natürlich wird die Evolution nichts „einbeziehen"; ein Ingenieur freilich könnte das wohl.)

Blätter werden aus sogenannten Blatthöckern gebildet, die sich durch verstärkte Zellteilung als seitliche Vorwölbungen der Sprossspitzen herausdifferenzieren. Die Anordnung dieser Höcker entspricht im Allgemeinen bereits der zukünftigen Blattstellung.

Unten Mitte bzw. rechts (in weiter fortgeschrittenem Stadium) sieht man eine sich entfaltende Blattknospe der Rosskastanie (*Aesculus hippocastanum*), unten rechts ein „verkrumpelt" auswachsendes Riesenblatt der Gunnera (Gattung *Gunnera*), in Frankreich zutreffend als „Riesenrhabarber" bezeichnet.

Vorgefertigte Anlagen

„Teufelsei" und Stinkmorchel

Die Stinkmorchel (*Phallus impudicus*) unserer Wälder lockt bekanntlich durch ihren exkrementartigen Geruch Fliegen an, die mit den Fußgliedern in die Sporenmasse eintunken und so für deren Verbreitung sorgen. Innerhalb weniger Stunden schiebt sich die Stinkmorchel aus einem tennisballgroßen Kugelgebilde hoch, das der Volksmund als „Teufelsei" bezeichnet. Im Längsschnitt sieht man zentral das Gewebe, das rasch zum Stiel auswächst, und drumherum das dunklere Gewebe mit den Sporenanlagen, das schließlich zum „Hütchen" und Landeplatz für die Fliegen wird. Das Ganze ist eingeschlossen von einem gallertigen Schutz- und Nährgewebe. Die Geschwindigkeit, mit der der Fruchtkörper aus der unterirdischen Anlage heraustreibt, ist bemerkenswert: In knapp zwei Stunden kann die Stinkmorchel vollständig ausgebildet sein. So rasch kann kein echtes Wachstum vor sich gehen. Es handelt sich mehr um ein Ausstrecken bereits vorgefertigter Teile. (In ähnlicher Weise „wächst" ja auch der Wiesenchampignon in rasantem Tempo aus seiner eiförmigen Anlage hoch.) Nur der bräunliche Schleimhut stinkt im Übrigen. Fliegen fressen den Schleimüberzug auf; die Passage durch den Darm schädigt die Sporen nicht. Auch Schnecken tun sich an dem Schleim gütlich. Sie können die Duftquelle aus mehreren Metern Entfernung ausmachen.

Die schamlose Morchel

Die Ähnlichkeit der ausgewachsenen Stinkmorchel mit dem menschlichen Phallus hat nicht nur zu ihrem wissenschaftlichen Namen geführt; ursprüngliche Stämme verwenden derartige Pilze bei Fruchtbarkeitsriten, heißt es.

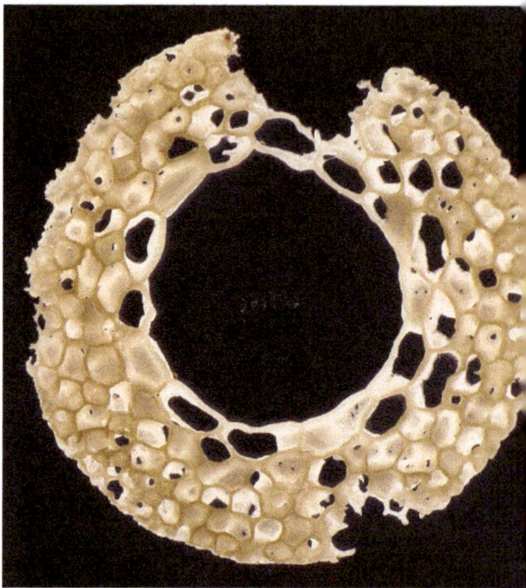

Blütenausbildungen der Schlüsselblume

Viele oft bis in erstaunliche Einzelheiten gehende Feinabstimmungen zwischen Blüte und Insekt gehören zu den interessantesten Kapiteln der Biologie. Die von den Pflanzen entwickelten Mechanismen, mit denen bestäubende Insekten – vermenschlicht gesprochen – regelrecht überlistet werden, sind zahlreich. Auf Seite 5 wurde bereits der Hebelmechanismus der Salbeiblüte erläutert, über den sich Hummeln und Bienen mit Blütenstaub einpudern. Wenn man im Frühjahr Blüten der Schlüsselblume (*Primula vulgaris*) längs auseinanderschneidet, findet man zwei unterschiedliche Ausgestaltungen. Bei einem Blütentyp sitzen die Staubblätter oben, und die Narbe des Fruchtblattes befindet sich unten in der Blütenröhre. Bei einem anderen Typ ist es genau umgekehrt. Hält man die Blüten nebeneinander, so zeigt sich, dass bei den kurzgriffeligen wie langgriffeligen Typen Narbe und Staubblätter des Gegentyps jeweils etwa auf einer Ebene liegen. Wenn nun ein bestäubendes Insekt den Rüssel bis zur Basis der Blütenröhre einführt (wo Nektar zutage tritt), pudert es ihn je nach dem Blütentyp an der Basis oder in der Mitte mit Blütenstaub ein. Fliegt es danach zu einer Blüte vom passenden Gegentyp, so trifft die eingepuderte Stelle genau auf die Narbe, und die Bestäubung wird vollzogen. Dazu kommt noch, dass die langgriffelige Blüte kleine Pollenkörner erzeugt und lange Narbenpapillen besitzt; die kurzgriffelige Blüte produziert dagegen große Pollenkörner und ist mit kurzen Narbenpapillen ausgestattet, die vorzugsweise zur Aufnahme der kleinen Pollen des anderen Blütentyps geeignet sind. Durch die Koppelung der vier Merkmale „Griffellänge", „Pollengröße", „Narbenpapillen-Länge", „Stellung der Staubbeutel" wird auf sehr effektive Weise erreicht, dass eine Narbe immer Pollen vom anderen Blütentyp erhält und somit Inzucht vermieden wird.

Klappmechanik bei Schmetterlingsblütlern

Viele Schmetterlingsblütler haben ihre Blüte so differenziert, dass ein mächtig entwickeltes Blütenblatt als „Fahne" nach oben steht, zwei „Flügel" seitlich wegragen und die beiden unteren Blütenblätter teilweise zum „Schiffchen" verschmolzen sind. Im Schiffchen liegen zehn Staubblätter und das zentrale Fruchtblatt. Häufig sind neun oder alle zehn Staubblätter mit ihren Staubfäden verwachsen, während die Staubbeutel frei sind. Wenn sich ein Insekt auf die Blüte setzt, wird es von unten mit Blütenstaub eingepudert.

Zur Freisetzung der Pollen gibt es bei den Schmetterlingsblütlern unterschiedliche Mechanismen. So wirken manche wie eine Nudelspritze, indem sie aus dem düsenförmig geöffneten Schiffchen die Pollenmasse strangförmig geformt herausdrücken (Gemeiner Hornklee, *Lotus corniculatus*). Bei anderen trägt der Griffel des Hochblattes einen Haarpinsel, mit dem er den Blütenstaub herausbürstet (Erbse, *Pisum sativum*; Platterbse, Gattung *Lathyrus*). Bei der abgebildeten Futterwicke (*Vicia sativa*) oder auch beim Wiesenklee (*Trifolium pratense*) und bei der Esparsette (Gattung *Onobrychis*) klappt das Schiffchen bei einer bestimmten Belastung schlagartig aus den Flügeln heraus und lässt die Staubbeutel nach oben hervortreten (Klappmechanismus). Bei amerikanischen Schmetterlingsblütlern gibt es auch „Explosionsmechanismen" (Seiten 102, 103), die noch stärker wirken als der bei unserem Ginster oder Besenginster, der nun als Schlussbeispiel dieses Kapitels beschrieben wird.

Schnelleinrichtung beim Ginster

Besenginster (*Cytisus scoparius*) sowie Luzerne (*Medicago sativa*) kann man bei gutem Willen auch unter die Explosionsmechanismen einreihen, so blitzartig geschieht die Bewegung. Üblicher ist der Begriff „Schnellmechanismus". Im Gegensatz zum Klappmechanismus krümmen sich hier die Staubfäden gegen ein Widerlager und setzen sich dadurch unter Druck. Wenn ein Insekt anlandet, kann sich der Druck ausgleichen, die Staubfäden springen richtiggehend aus dem Schiffchen heraus und pressen dem Blütenbesucher den Pollen auf. Das kann nur einmal geschehen, bei der Klappmechanik dagegen mehrmals.

Die untenstehende Bildleiste zeigt die Blüte in der Entwicklung; nach dem Losschnellen und mit abpräparierten Flügeln, Schiffchen und Fahne.

Akustische Sensoren einer Mücke

Die buschigen Fühler der Männchen mancher Mücken dienen unter anderem dazu, den Flugton der Weibchen zu erkennen. Wenn ein Weibchen in einen Schwarm tanzender Männchen einfliegt, stürzt sich das nächstgelegene Männchen darauf und begattet es. Seine Fühler sind mechanisch so abgestimmt, dass sie in „akustische Resonanz" mit dem Flugton der Weibchen kommen.

Akustische Resonanz

Wenn beispielsweise der Fühler der Stechmücke *Anopheles stephensi* mit einer Schallfrequenz von 300 Schwingungen pro Sekunde angestrahlt wird (das ist die Flügelschlagfrequenz des Weibchens), so wird er besonders stark erschüttert. Weitaus schwächer reagiert der Fühler schon auf die eigene Flügelschlagfrequenz oder die der männlichen Nachbarn (500 Hertz).

Ein raffinierter Schallschnellempfänger

In einem kopfförmigen Gebilde, dem zweiten Fühlerglied S, ist die schwingende Geißel G auf raffinierte Weise befestigt (Skizze). Sie wird von einem System feinster Spannungen und Septen P schwingungsfähig aufgehängt. Ihre Bewegungen übertragen sich auf mehrere Gruppen von Sinneszellen, die auf Geißelschwingungen mit elektrischen Erregungen antwortet. Da das System empfindlich gegen zu starke Schwingungen ist, die zur Selbstzerstörung führen könnten, trägt das knopfförmige zweite Antennenglied eine radiäre Anschlagsbegrenzung A für die Geißel. Diesem „Schallschnellempfänger" entsprechend wurden bereits akustische Sensoren gebaut.

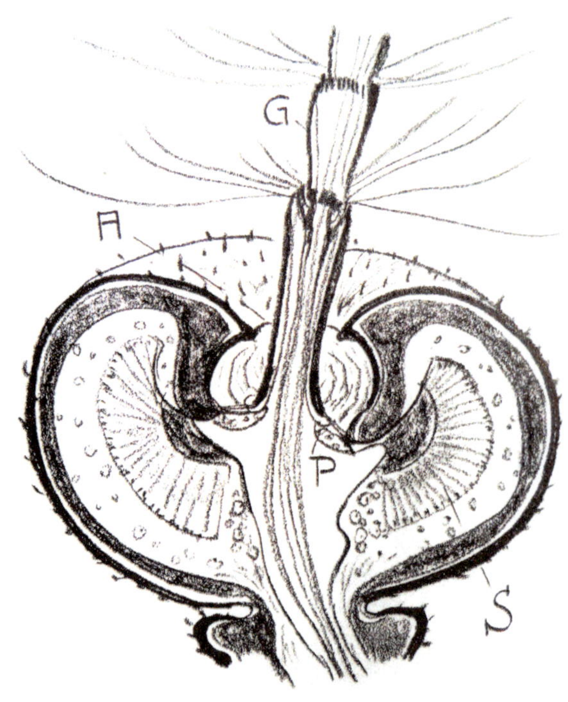

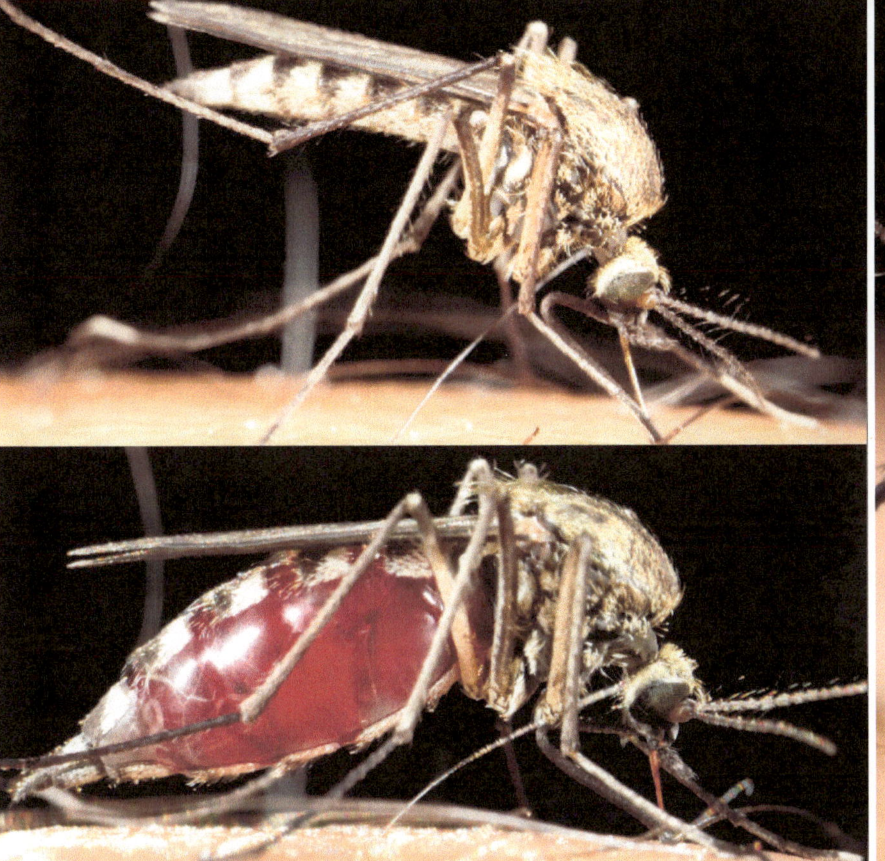

Die Weibchen haben andere Fühler

Ganz anders sind die Antennen der weiblichen Stechmücken konzipiert: An ihnen befinden sich abertausende Rezeptoren, welche die unterschiedlichsten Duftstoffe wahrnehmen. Tatsächlich stechen nur die weiblichen Mücken.

Tanzfliegen

Links sind keine Mücken, sondern männliche Tanzfliegen (Empididae) zu sehen. Tanzfliegen ernähren sich hauptsächlich von anderen Insekten, die sie meist im Flug packen und anstechen. Die Männchen müssen eine kleine Fliege als Brautgeschenk fangen, um in der Balz zum Zug zu kommen. Dabei übergibt das Männchen seine Beute dem Weibchen, das daran saugt. Die Kopulation kann nur so lange dauern, bis das Geschenk verspeist ist. Dazu hängt sich das Männchen in der Kopulastellung an einen kleinen Zweig oder Halm.

Antennen

Unglaubliche Vielfalt

Insektenfühler sind äußerst vielgestaltig, doch ist es nicht immer möglich, aus der speziellen Form auf eine spezielle Funktion zu schließen. Stark gekämmte Fühler wie beim Wiener Nachtpfau sind die idealen Molekülfänger und können wenige Sexuallockstoff-Moleküle aus einem Luftstrom herausfiltern. Der Oberflächenvergrößerung dienen auch die spielkartenartig ausfaltbaren und zusammenlegbaren Fühler der Maikäfer-Männchen (rechte Seite oben). Sie werden bei Suchflügen im gespreizten Zustand in den Fahrwind gestellt. Der Entfaltungsmechanismus für die Antennenblättchen wird über eine Art Pumpsystem an der Antennenbasis hydraulisch gesteuert.

Chemo- und Mechanosensoren

Die meisten Fühler, Paradebeispiel Honigbiene, sind in enger Lagerung über und über mit Chemo- und Mechanosensoren besetzt, wobei die Chemosensoren auf Duftmoleküle aus der Luft oder Geschmacksmoleküle aus Lösungen ansprechen. Die Sinnesorgane in und nahe dem zweiten Fühlerglied, die auf Schwingungen der ganzen Antenne oder auf Schwingungen der Glieder relativ zueinander

ansprechen, wurden schon auf Seite 144 genannt.

So sensibel Antennen im mikroskopischen Feinbau sind, so robust können sie im „täglichen Gebrauch" sein. So gibt es geknickte Antennen, die als Greiforgane ausgebildet sind. Honigbienen verwenden ihre Antennen als „Schublehren" bei der Prüfung der Wanddicke ihrer Waben. Bei manchen Urinsekten, den Springschwänzen, kommt es vor, dass sich die Männchen damit an die Antennen der Weibchen ankoppeln und so von diesen herumgetragen werden.

Technische Umsetzungen?

Insgesamt ist die Vielfalt der Formen und Funktionen von Insektenantennen nicht geringer als die der Mundwerkzeuge. Anregungen für technische Umsetzungen gibt es genügend viele, so etwa als „künstliche Nasen". Doch hat man sich dafür andere Formen überlegt als die Lagerung in langgestreckten und damit zerbrechlichen Antennen.

Kopulationsherz einer Kleinlibelle

Das hellblaue Männchen der Federlibelle (*Platycnemis pennipes*) ergreift mit seiner Hinterleibszange die Vorderbrust des Weibchens und das Weibchen krümmt seinen Hinterleib nach vorne, um mit dem sekundären Kopulationsorgan an der Basis des männlichen Hinterleibs zu verankern. Damit es überhaupt zu einer erfolgreichen Übertragung in die weibliche Geschlechtsöffnung kommen kann, muss das Männchen vorher seine Spermien in den sekundären Apparat eingefüllt haben.

Die Struktur der Libellenflügel

Die extrem leichte und trotzdem außerordentlich robuste Struktur von Libellenflügeln konnte erst durch den Einsatz modernster physikalisch-technischer Mess- und Untersuchungsverfahren verstanden werden.

Durchblutete Flügel

Unten: Die abgebildete Großlibelle konnte trotz erheblicher Flügelverletzungen durch veränderte Flügelschläge immer noch erstaunlich gut fliegen. Nächste Seite: In der extremen Nahaufnahme einer weiteren Großlibelle erkennt man drei Landmilben (*Forcipomyia paludis*) A, B, C, das sind nur 1-2 mm große Kleptoparasiten. Es ist noch nicht geklärt, ob diese tatsächlich parasitisch auf den Libellen leben und an den durchbluteten Adern saugen oder nur „phoretisch" sind, sich also einfach mittragen lassen.

A
B
C

G. Glaeser, W. Nachtigall, *Die Evolution biologischer Makrostrukturen*, https://doi.org/10.1007/978-3-662-57826-1_7

7 Man entdeckt immer wieder Neues

Technische Biologie und Bionik

In den letzten Jahren hat die Erforschung des Makrokosmos mit all seinen unterschiedlichen Ausformungen und Anpassungen vielfältige Auswirkungen im Übergangsbereich von der Natur zur Technik gehabt. Die Natur unter strukturfunktionellen Aspekten zu erforschen, das ist Aufgabe der Technischen Biologie. Die Umsetzung der dadurch gewonnenen Erkenntnisse in die Technik besorgt die Bionik. In diesem letzten Abschnitt sind Beispiele für diese Problemkreise zusammengestellt.

Nicht zeitgebundene funktionsmorphologische Elemente

Die abschließenden sieben Beispiele dieses Buchs beziehen sich im Wesentlichen auf Entdeckungen aus dem letzten Jahrzehnt. Sie sind auch nach der Möglichkeit ihrer technisch-bionischen Umsetzung ausgewählt und zeigen, wie rasch die Forschung voranschreitet. Im Grunde aber sind richtig beschriebene funktionsmorphologische Elemente nicht zeitgebunden. Sie veralten nicht.

Patentierte Systeme durch Beobachtung

Im Jahr 2011 wurde die gelenkfreie, wandelbare Konstruktion „Flektofin" vorgestellt, entwickelt für die Architektur in Zusammenarbeit mehrerer Institutionen, nämlich den Universitäten Freiburg und Stuttgart, der Verfahrenstechnik Denkendorf und der Firma Claus-Markisen. Seinen Ausgang hatte das patentierte System in einer Beobachtung an der Blüte der Paradiesvogelblume *Strelitzia reginae*.

Diese wird von Vögeln bestäubt, denen sie eine Art Sitzstange bietet, geformt aus verwachsenen Blütenblättern. Mit seinem Gewicht verbiegt der Vogel eine inhärente, gelenkfreie Mechanik, über die eine Lamelle nach außen geklappt wird und so den Weg zum Pollen freigibt. Den verleibt sich der Besucher dann ein – und dabei bestäubt er zwangsläufig die Pflanze. Im Experiment hat der Vorgang des Verbiegens bis zu 6000 mal störungsfrei funktioniert.

Physikalisch spricht man bei dieser Mechanik von einem Biegedrillknicken („torsional buckling"). Auch ein einfacher flächiger Nachbau, ein Folienstreifen auf einem flexiblen Plastikstab, biegt sich unter einer Last gelenkfrei seitlich weg – das ist die Basis für eine bioinspirierte, wandelbare Konstruktion. Umgesetzt wurde dieses Prinzip für die stufenlose, flexible Verschattung von Gebäudefassaden; es funktioniert auch im Großmaßstab.

Der Mittelfinger des Großen Ameisenbären (*Myrmecophaga tridactyla*) trägt eine sehr kräftige, gebogene Kralle. Damit reißt der Ameisenbär steinharte Termitenbauten auf, an deren Bewohner er sich gütlich tut. Dabei schlägt er die Kralle erst ein und verringert den Winkel zwischen ihrer Achse und dem Unterarm um 90°. Dann zieht er das Bein an, während er sich mit den anderen abstützt.

Vorbild für Werkzeugoptimierungen

Im technischen Bereich finden sowohl die Kralle, als auch die Beinbewegung wie schließlich das Abstützen ihre Entsprechungen bei Hydraulikbaggern, die den Boden aufreißen („Reißzahn-Baggerkinematik-Raupenbasis"). In der Praxis traten spezifische wiederkehrende, und damit teure, Brüche am Reißzahn auf. Sontheim et al. berichteten 2012 darüber, wie der Naturvergleich bei ihrer Vermeidung half. Demnach gab es beim ursprünglichen Reißzahn starke Spannungsspitzen an der Außenkontur. Bei der anders gekrümmten Ameisenbär-Kralle war die Spannung dort nur halb so groß und ihr Verlauf war viel homogener. Der bionische Optimierungsprozess führte schließlich zu einer Bagger-Kralle, bei der die Maximalspannung an der Außenkontur um bis zu 58% reduziert war.

Unten: Auch das mit dem Ameisenbär verwandte Gürteltier (siehe Seite 9) braucht starke Krallen, um Höhlen im harten Erdreich zu graben bzw. nach Insekten und Insektenlarven zu suchen.

Faszinierende Riesen

Mit flügelartigen Fortsätzen ihrer seitlichen Flossensäume „fliegen" Rochen unter Wasser. Dabei erzeugen sie mit wellenförmigen Schlag- und Verdrehbewegungen dieser Fortsätze auf effiziente Weise Schub, und zwar ohne die propellertypischen Ablösungen großer Wirbelreihen. Wegen seiner Größe und der langsamen Flossenschläge besonders auffallend ist der Riesen-Mantarochen (*Mobula birostris*).

Simulation zum besseren Verständnis

Die Untersuchung und technische Umsetzung dieses Prinzips diente einerseits dem physikalischen Verständnis dieser Antriebsform, andererseits der Entwicklung von Demonstratoren, die dieses energiesparende Antriebsprinzip technisch nutzen und vielleicht einmal in der Unterwasserforschung eingesetzt werden können, etwa als Sondenträger. Im Jahr 2008 hat die Firma Festo einen solchen Demonstrator namens „Aqua ray" vorgestellt. Die „Flügel" bestehen aus einem elastischen Material, die Haut aus Polyamid mit Elasto-

meren. Die Elastizitätseigenschaften waren so abgestimmt, dass sich die Wellenbewegungen und die optimalen Anstellwinkel der Einzelabschnitte energieeffizient sozusagen von selbst einstellen. Der beeindruckende Demonstrator von 96 cm Spannweite bewegte sich völlig autonom in einem großen Wasserbecken.

Bewegungen wie in Zeitlupe

Wie bei allen großen Tieren finden die Bewegungen der Mantas deutlich langsamer statt als wir dies von kleineren Tieren gewohnt sind. Die Bilder der Bewegungsstudie auf der rechten Seite links vom „Flug" eines Mantas wurden im Abstand von einer Sekunde gemacht.

Flossenhörner

Die Rolle dieser charakteristischen Hörner ist nicht restlos geklärt. Vielleicht nehmen – ähnlich wie Haie – Mantas mit diesen Flossen elektrische Signale anderer Tiere auf. Die Serie oben (ebenfalls im Sekundentakt) zeigt, wie das linke Flossenhorn eingerollt wird.

Links: „Flugstudie" eines großen Manta (mit zwei Schiffshalterfischen). Oben (großer Manta) und unten (Kuhnasenrochen): Beiden werden sensorische/manipulatorische Kopflappen nachgesagt.

Flossensäume und Rückstoßprinzip

Neben den Rochen verwenden auch viele andere Wassertiere wie Muränen oder Kopffüßer undulierende Flossensäume zur Fortbewegung. Sepien (diese Seite) und Kalmare (rechte Seite unten) bewegen sich mit ihnen sehr effizient im „Schongang" vorwärts und rückwärts. Daneben haben sie allerdings einen „Turbo" eingebaut, der mit dem Rückstoßprinzip arbeitet. Ein Wasserstrahl wird dazu über einen düsenförmigen Trichter mit hoher Geschwindigkeit aus der Körperhöhle gepresst. Dabei nehmen sie die klassische Torpedoform an und beschleunigen so rasant. Oktopusse können nur rückstoßschwimmen, ihr Hauptbewegungsmodus ist allerdings das Gehen auf acht Armen.

Superhydrophobie …

Es hat nicht an Versuchen gefehlt, den Reibungswiderstand zwischen einem Schiffsrumpf und dem Wasser herabzusetzen und damit Treibstoff zu sparen. Der Schwimmfarn *Salvinia molesta* und andere Schwimmfarn-Arten haben einen neuen Weg gewiesen. Diese Farne besitzen schneebesenartige Oberflächen-Haare, die beim Untertauchen einen dünnen Luftüberzug festhalten. Die Haare sind superhydrophob, weisen das Wasser also zurück. An ihren Spitzen aber sind sie hydrophil. Mit diesen Spitzen halten sie Kontakt zu der umgebenden Flüssigkeitsschicht, die sie somit an vielen Punkten richtiggehend an die Blattoberfläche anheften (siehe rechte Seite unten).

... und das Schwimmfarn-Prinzip

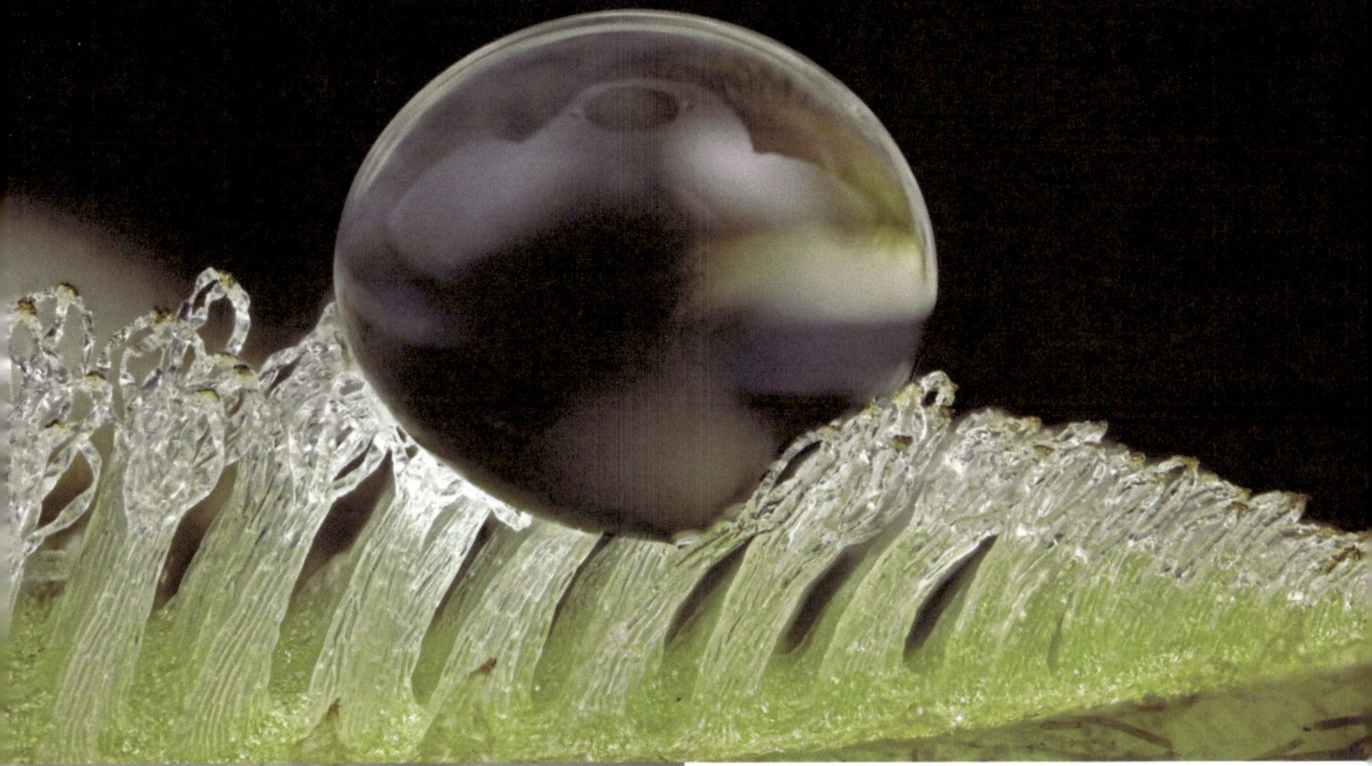

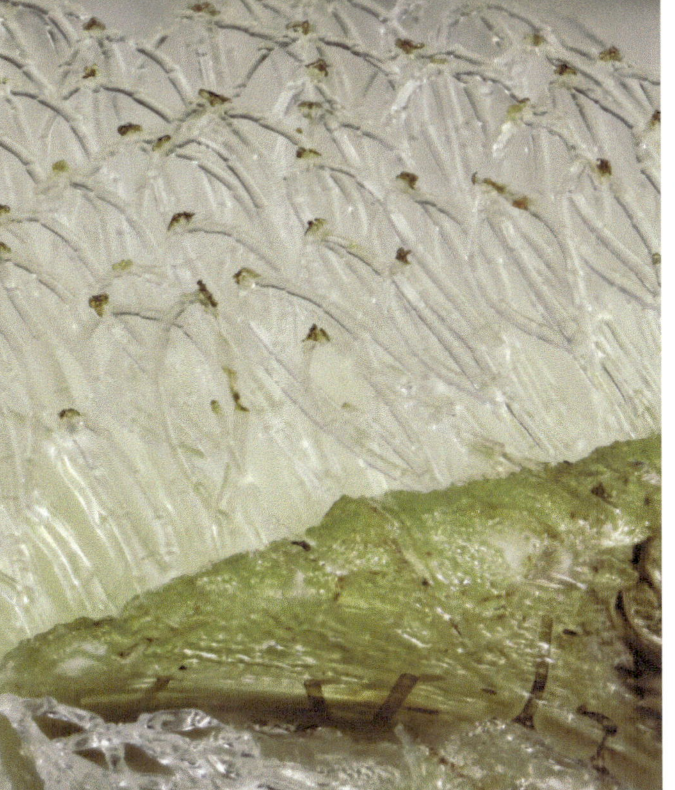

Die Evolution hat hier eine sehr eigenartige funktionelle Morphologie zustande gebracht hat. Wenn es gelänge, einen analogen technischen Überzug für Schiffsrümpfe zu konstruieren, könnte der Reibungswiderstand um 10% herabgesetzt werden. Das entspräche einer weltweiten Treibstoffeinsparung von 1%. Im Jahr 2010 hat der Bonner Botaniker W. Barthlott erstmals über das „Salvinia-Paradoxon" berichtet; die Forschung ist im Gange.

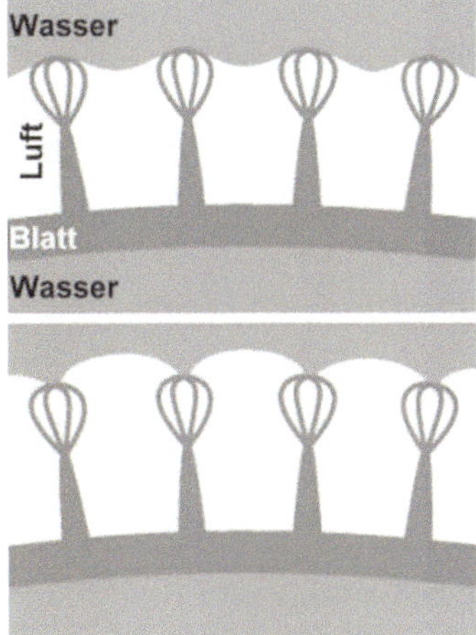

Korrosionsunempfindliche Sandfisch-Schuppen

Schutz vor Abrieb durch Sand

Der „Sandfisch" *Scincus scincus* ist kein Fisch, sondern eine Eidechse; er heißt auch Sandskink. Er besitzt spezielle, hoch abriebfeste Schuppen. Sandkörnchen, die von Wüstenwinden dahergeblasen werden oder beim Schlängeln im Sand den Körper entlangrutschen, wirken wegen ihrer Bedeckung mit glasartigen Feinstsplittern wie eine Diamantfeile und korrodieren Oberflächen rasch. Eine Konservendose oder Colaflasche im Wüstenwind ist in kurzer Zeit matt geblasen. Die Sandfisch-Schuppen aber bleiben unbeeinflusst.

Mikro-Ornamentierung

Rechenberg und El Khyari berichteten 2003 über Experimente zu diesem Phänomen. Sie haben Sand auf unterschiedlich geneigte Stahlplättchen oder Sandfisch-Schuppen rieseln lassen.

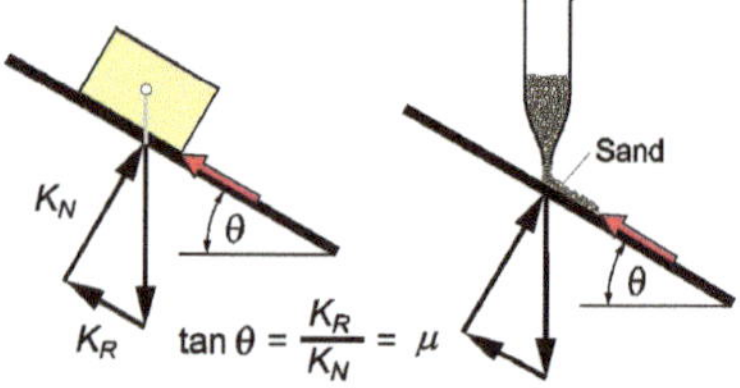

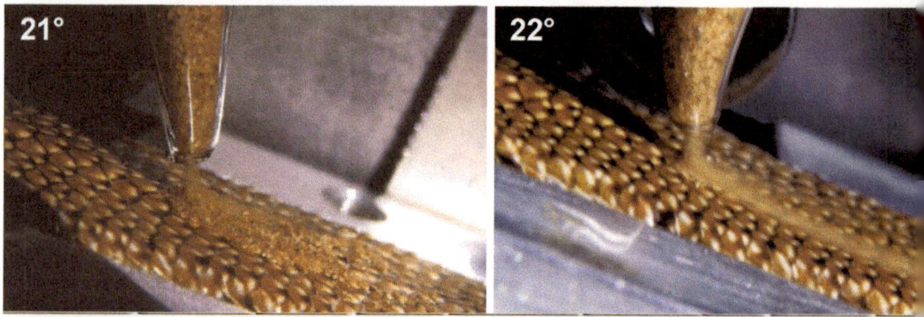

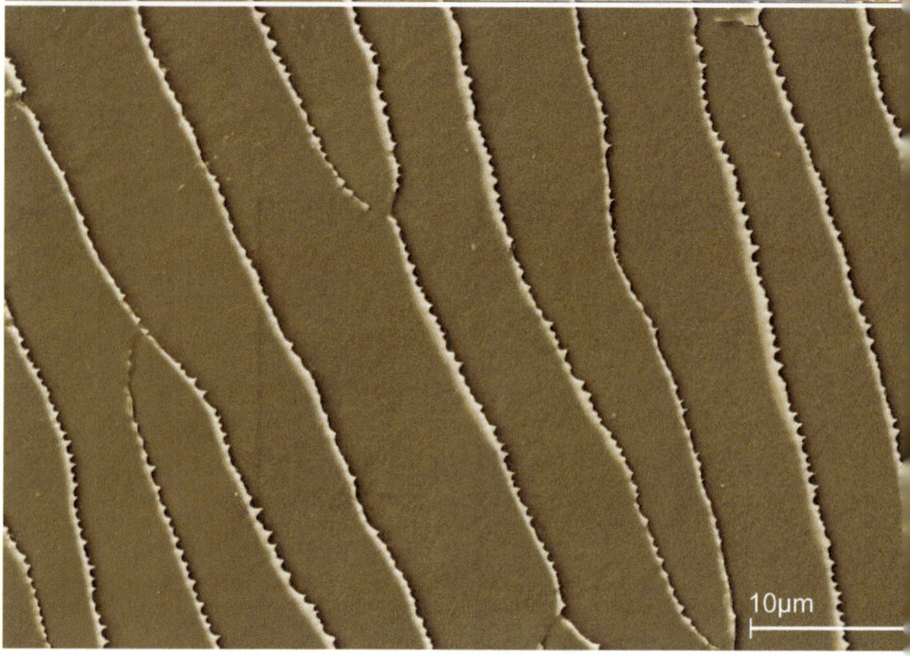

Von der Schuppe gleitet der Sand bereits bei einem Neigungswinkel von etwa 20° ab, von poliertem Stahl erst bei einem um 40% höheren Winkel. Entsprechend geringer ist der Gleitreibungskoeffizient beim Sandfisch. Erklärt wird das mit dem nanokompositartigen Aufbau der Schuppenoberfläche, einer „Mikro-Ornamentierung", die dem scharfkantigen Sandkorn eine geringere Oberfläche bietet und es weiterhin von seinem korrodierenden Splitterbesatz freikämmt.

Technischer Ersatz

Der Schuppe analog wurden technische Strukturen vorgeschlagen, die in einer Polymermatrix harte Mineralstiftchen eingebettet haben und so ebenfalls eine Art „Mikro-Ornamentierung" erzeugen. Dazu laufen seit einiger Zeit Untersuchungen.

Selbstreinigende Blätter?

Die Blätter der Lotusblume scheinen niemals zu verschmutzen, und selbst Honig oder Harz perlen von ihnen ab, ohne die geringste Spur zu hinterlassen. Während aber technische Oberflächen wie etwa lackierte Autoteile möglichst glatt sind, um Schmutz abzuweisen, ist das bei diesen Pflanzen ganz anders: Sie sind, wie die Elektronenmikroskop-Aufnahmen unten zeigen, feingenoppt.

Mikrostrukturierte hydrophobe Oberflächen sind selbstreinigend

Das Phänomen wurde zwar schon Ende des 19. Jahrhunderts von schwedischen Forschern beobachtet, geriet aber offenbar in Vergessenheit. Das Wechselspiel zwischen Oberflächenrauhigkeit und Wasserabweisung wurde erst in den 1970-ern von Barthlott und Neinhuis genauer untersucht. Das Ergebnis war überraschend: Am wenigsten haften Verunreinigungen, wenn die Oberfläche mit Wachskristalloiden genoppt ist – wie eben bei den Lotusblättern.

Der Vorteil für die Pflanze

ist, dass Bakterien oder Pilzsporen durch Regen oder sogar Morgentau abgerollt werden. Ganz vergleichbare Eigenschaften haben auch die Flügeldecken mancher Wasser- oder Mitstkäfer (wie der unten abgebildete Scarabäus), die sogar durch Schlamm bzw. Tierkot kriechen können und „lupenrein" wieder zum Vorschein kommen.

Der Elefantenrüssel …

Für die Elefanten, etwa den Afrikanischen (*Loxodonta africana*), ist der Rüssel ein Allzweckinstrument, mit dem sie greifen, Kontakt aufnehmen, Wasser brausen. So ein Rüssel kann in alle Richtungen verstellt und in jeder Position gehalten werden. Mit seinem Endstück kann er Gegenstände außerordentlich „weich" aufnehmen. Für die Feinverstellung dienen ihm nicht weniger als etwa 40 000 Muskeln, die zu Bündeln zusammengefasst sind. Das war eine Herausforderung für die Entwicklung eines analogen „bionischen Greifarms" oder, auf Neudeutsch, „Handling-Assistenten", über den die Firma Festo 2010 und 2011 berichtet hat (Deutscher Zukunftspreis 2010). Die Firma nennt die folgenden Felder für die Konzeption und die Anwendung des Greifers: Lernen, viele und unterschiedliche Querschnitttechnologien zu kombinieren; intelligentes Steuern und Regeln als Lösungspaket einsetzen; Handhabungssysteme frei beweglich machen; gefühlvolles Greifen; Leichtbau mit generativer Fertigung (Polyamid); gefahrlose Mensch-Maschine-Interaktion; geeignet für Industrie und Haushalt. Diese Entwicklung zeigt beispielhaft auf, dass es heute nicht mehr um eine spezielle „Nachahmung der Natur" geht, wenn man aus den Strukturen der belebten Welt Anregungen für ingenieursmäßig-eigenschöpferisches Gestalten gewinnt. Es geht vielmehr darum, über den „Ideengeber Natur" hinaus Neues zu schaffen.

Frei bewegliches Handhabungssystem

Gefahrlose Mensch-Technik-Kooperation

Ausgezeichnet mit dem Deutschen Zukunftspreis

Zu den Bildern der Kapitel-Überschriften

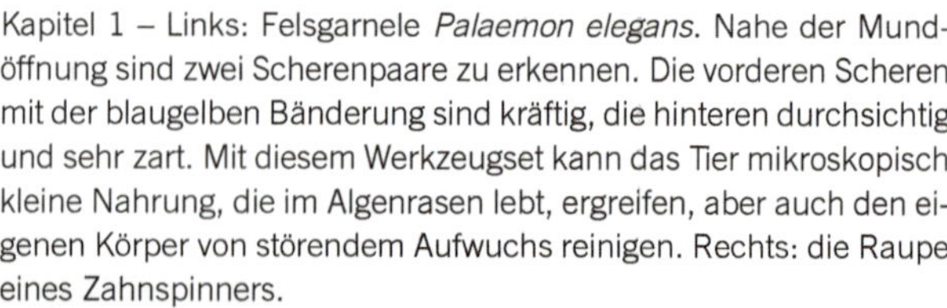

Kapitel 1 – Links: Felsgarnele *Palaemon elegans*. Nahe der Mundöffnung sind zwei Scherenpaare zu erkennen. Die vorderen Scheren mit der blaugelben Bänderung sind kräftig, die hinteren durchsichtig und sehr zart. Mit diesem Werkzeugset kann das Tier mikroskopisch kleine Nahrung, die im Algenrasen lebt, ergreifen, aber auch den eigenen Körper von störendem Aufwuchs reinigen. Rechts: die Raupe eines Zahnspinners.

Kapitel 2 – Links: Das Männchen des Gelbrandkäfers *Dytiscus marginalis* trägt am verbreiterten 1. Fußglied („Ferse" genannt) einen kompliziert gebauten Haftapparat nach dem Saugnapfprinzip. Er besteht aus einem großen, zwei mittleren und vielen kleinen gestielten Saugnäpfen. Rechts: Kopf eines Hymenopters (Sandbiene) beim Blütenbesuch. Die Lippentaster sind schön zu sehen.

Kapitel 3 – Links: Das vielbeinige Ungetüm ist in Wirklichkeit nur zwei Zentimeter lang. Es kommt bei uns vor, ist aber selten. Es handelt sich um die zur Klasse der Hundertfüßler gehörende „Spinnenassel" *Scutigera coleoptrata*. Rechts: Die im Mittelmeerraum verbreitete Haubenfangschrecke (*Empusa pennata*) kann Fliegen direkt aus der Luft fangen, was extrem gutes dreidimensionales Sehen voraussetzt.

Kapitel 4 – Links: Dieser abtauchende Pinguin beginnt mit seinen „Unterwasserflügeln" gerade den Abschlag. Aus seinem Stummelfederkleid entweichen noch Luftblasen. Rechts: An dieser Weißkopfmöwe (*Larus cachinnans*) erkennt man sowohl die aerodynamische Kaskade, die sie mit ihren Schwungfedern bildet, als auch die Daumenfittiche, die im Abheben begriffen sind.

Kapitel 5 – Links: Seetang, „gebaut" für starke Brandungen. Rechts: Die Florfliegenlarve wird auch Blattlauslöwe genannt, weil sie Blattläuse aussagt – übrig bleibt dann nur deren Chitinhülle. Indem die Larve solche Beutereste und auch sonst allerlei Material auf den seitlichen langen hakenförmigen Borsten ihres Körpers anbringt, tarnt sie sich bis zur Unkenntlichkeit.

Kapitel 6 – Links: Frucht einer Lotusblume (*Nelumbo nucifera*). Die Blätter der Pflanze sind extrem flüssigkeitsabweisend, wodurch sie stets sauber bleiben und sich auch keine schädliche Pilze oder ähnliches festsetzen können. Rechts: Die Margeriten-Blüte ist eine typische Korbblütler-Blüte. Die fertilen gelben Blüten drängen sich in Spirallinien dicht zusammen. Die peripher stehenden, meist sterilen weißen Blüten mit ihren langen Fahnen bilden den Schauapparat.

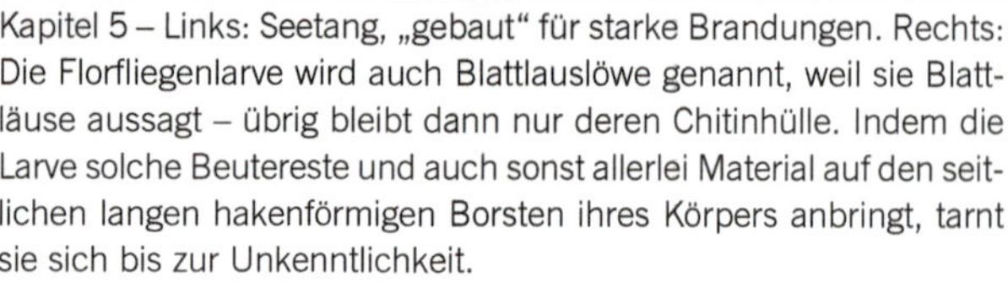
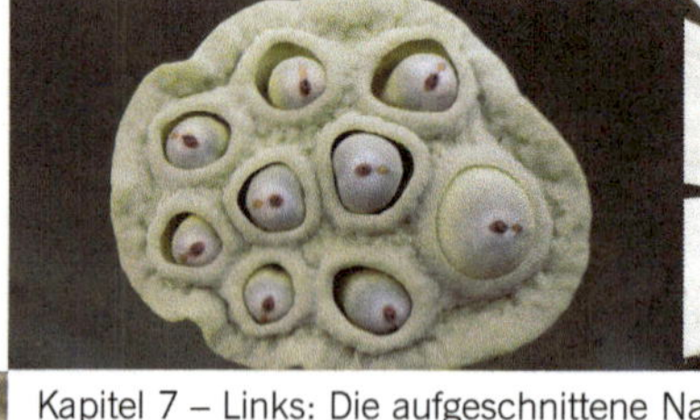

Kapitel 7 – Links: Die aufgeschnittene Nautilus-Schale lässt die mit dem Wachstum regelmäßig größer werdende Kammerung erkennen. Der Tierkörper „wohnt" jeweils in der letzten, größten Kammer. Diese Tiere gab es schon im Ordovizium vor 460 Millionen Jahren in gleicher Form. Rechts: Die Flügeladerung einer Libelle umschließt oft quadratische oder rechteckige Facetten (siehe auch Bilder auf der linken Seite).

© Springer-Verlag GmbH Deutschland, ein Teil von Springer Nature 2018
G. Glaeser, W. Nachtigall, *Die Evolution biologischer Makrostrukturen*, https://doi.org/10.1007/978-3-662-57826-1

1. Barthlott, W., Schimmel, T., Wiersch, S., Koch, K., Brede, M., Barczewski, M., Walheim, S., Weis, A., Kaltenmaier, A., Leder, A., Bohn, H.F. **The *Salvinia* Paradox: Superhydrophobic Surfaces with Hydrophilic Pins for Air Retention Under Water.** *Advanced Materials 22, 2325–2328 (2010)*

2. Busch, S., Seidel, R., Speck, O., Speck, T. **Morphological Aspects of Self-Repair of Lesions Caused by Internal Growth Stresses in *Aristolochia macrophylla* and *Aristolochia ringens*.** *Proceedings of the Royal Society London B 277, 2113–2120 (2010)*

3. Festo AG & Co. KG **Firmenprospekt: „Aqua ray". Wasserhydraulisch betriebener Manta-Rochen mit Schlagflügelantrieb.** *Denkendorf (2008)*

4. Festo AG & Co. KG **Bionischer Handling-Assistent. Flexibel und nachgiebig bewegen (Firmenschrift).** *Darmstadt (2010)*

5. Francé, R. **Die technischen Leistungen der Pflanzen.** *Veit & Co, Leipzig (1919)*

6. Frazetta, T. H. **A Functional Consideration of Cranial Kinesis in Lizards.** *Journal of Morphology 111, 287–319 (1962)*

7. Frieling, H. **Tiere als Baumeister.** *Franckh, Stuttgart (1951)*

8. Gerardin, L. **Natur als Vorbild. Die Entdeckungen der Bionik.** *Kindlers Universitätsbibliothek, Kindler, München (1968)*

9. Gießler, A. **Biotechnik. Eine Einführung.** *Quelle und Meyer, Leipzig (1939)*

10. Gillard, E. T., Steinbacher, G. **Knaurs Tierreich in Farben.** *Droemer Knaur, München (1959)*

11. Glaeser, G. **Math Tools – 500+ Applications in Science and Arts.** *Springer, London (2017)*

12. Glaeser, G., Paulus, H. F. **Die Evolution des Auges – Ein Fotoshooting.** *Springer Spektrum, Heidelberg (2013)*

13. Glaeser, G., Paulus, H.F., Nachtigall, W. **Die Evolution des Fliegens – Ein Fotoshooting.** *Springer Spektrum, Heidelberg (2016)*

14. Herder **Lexikon der Biologie.** *Spektrum, Heidelberg (1994)*

15. Hertel, H. **Biologie und Technik. Struktur–Form–Bewegung.** *Biologie und Technik Bd. 1. Krausskopf, Mainz (1963)*

16. Huxley, A. **Das phantastische Leben der Pflanzen.** *Hoffmann und Campe, Hamburg (1977)*

17. Leins, P. (Unter Mitarbeit von Erbar, C.) **Blüte und Frucht.** *Schweizerbart, Stuttgart (2000)*

18. Lienhard, J., Schleicher, S., Poppinga, S., Masselter, T., Milwich, M., Speck, T., Knippers, J. **Flectofin: A Hingeless Flapping Mechanism Inspired By Nature.** *Bioinspiration & Biomimetics 6(4) (2011)*

19. Lüttig, A., Kasten, J. **Hagebutte & Co.: Blüten, Früchte und Ausbreitung europäischer Pflanzen.** *Fauna-Verlag, Nottuln (2003)*

20. Märkel, K., Gorny, P. **Zur funktionellen Morphologie der Seeigelzähne (Echinodermata, Echinoidea).** *Z. Morph. Tiere 75, 223–242 (1973)*

21. McNeill, A. **Animal Mechanics.** *Sidgwick & Jackson, London (1968)*

22. Müller, H. **Die Befruchtung der Blumen durch Insekten und die gegenseitige Anpassung beider. Ein Beitrag zur Kenntnis des ursächlichen Zusammenhangs in der organischen Natur.** *Engelmann, Leipzig (1873)*

23. Nachtigall, W. **Biotechnik. Statische Konstruktionen in der Natur.** *Universitätstaschenbuch 54, Quelle und Meyer, Heidelberg (1971)*

24. Nachtigall, W. **Fünf Artikel über Biotechnik.** *Kosmos (Juni 1971), 255–258, (August 1971), 333–336, (Oktober 1971), 429–432, (Januar 1972), 19–22, (Februar 1972), 73–76 (1971, 72)*

25. Nachtigall, W. **Phantasie der Schöpfung. Faszinierende Entdeckungen der Biologie und Biotechnik.** *Hoffmann und Campe, Hamburg (1974)*

26. Nachtigall, W. **Biological Mechanisms of Attachment.** *Springer, Berlin (1974)*

27. Nachtigall, W. **Erfinderin Natur. Konstruktionen der belebten Welt.** *Rasch und Röhring, Hamburg (Vorgänger des vorliegenden Buchs) (1984)*

28. Nachtigall, W. **Bionik.** *Grundlagen und Beispiele für Ingenieure und Naturwissenschaftler. 2. Aufl., Springer, Berlin (2002)*

29. Nachtigall, W. **Bionik in Beispielen. 250 illustrierte Ansätze.** *Springer-Spektrum, Berlin (2013)*

30. Pass, G. **Accessory Pulsatile Organs: Evolutionary Innovations in Insects.** *Annual Review of Entomology 45, 495–518 (2000)*

31. Pass, G., Tögel, M., Krenn, H., Paululat, A. **The Circulatory Organs of Insect Wings: Prime Examples for the Origin of Evolutionary Novelties.** *Zoologischer Anzeiger 256, 82–95 (2015)*

32. Paturi, F. **Geniale Ingenieure der Natur. Wodurch uns Pflanzen technisch überlegen sind.** *Econ, Düsseldorf (1974)*

33. Popp, E. **Die Begattung bei den Vogelmilben *Pterodectes* Robin (Analgesoidea, Acari).** *Z. Morph. ökol. Tiere 59, 1–32 (1967)*

34. Rampf, M., Speck, O., Speck, T., Luchsinger, R.H. **Structural and Mechanical Properties of Flexible Polyurethane Foams Cured Under Pressure.** *Journal of Cellular Plastics 48, 53–69 (2012)*

35. Rechenberg, I., El Khyari, A. R. **Reibung und Verschleiß am Sandfisch der Sahara. Bericht zu Festo-Stipendium.** *unpubl. (s. a. Internet unter „Rechenberg Sandfisch") (2003)*

36. Reng, G. **Bau und Funktion der Seeigelstacheln.** *n+m 4, 20–32 (1967)*

37. Schleicher, S., Lienhard, J., Knippers, J., Poppinga, S., Masselter, T., Speck, T. **Gelenkloser, stufenlos verformbarer Klappmechanismus.** *European Patent Office Filing 10013852.8 (2011)*

38. Sontheim, F., Ulrich, A. **Natürliche Vorbilder für die Strukturoptimierung hoch beanspruchter Arbeitswerkzeuge in der Rohstoffgewinnung.** *41. VDBUM-Seminar, 29.2.2012, Braunlage (2012)*

39. Tributsch, H. **Wie das Leben leben lernte. Physikalische Technik in der Natur.** *Deutsche Verlags-Anstalt, Stuttgart (1976)*

40. Ulbrich, E. **Biologie der Früchte und Samen.** *Springer, Berlin (1928)*

41. Wunderlich, K., Gloede, W. **Natur als Konstrukteur.** *Edition Leipzig (1977)*

Index

Links: Schale des Seeigels *Sphaerechinus granularis*. Sehr gut sind die Gelenkshöcker zu erkennen, mit denen die Stacheln verbunden waren. Daneben sind feine Poren zu sehen, durch die die Schlauchfüße des Seeigels gestreckt wurden.

Rechts: Der kletternde Efeu (*Hedera helix*) hält sich mit rundlichen Haftscheiben fest.

Links: Zebra- oder Harlekinspringspinne (*Salticus scenicus*)(siehe auch S. 18) hat eine vielleicht zwei Millimeter große Tanzfliege (Empididae, siehe S. 145) erlegt.

Abbildungsnachweis

Die Fotos und Skizzen stammen zum Großteil von den Autoren selbst. Wir danken zusätzlich für folgende Abbildungen:
Skizze S. 16 Sophie Zahalka
Animationen S. 29/30 Franz Gruber
REM-Bilder S. 38/39, S.161 Science Visualization, Univ. für angew. Kunst Wien: Rudolf Erlach, Alfred Vendl
Foto S. 77 oben: Photo by Greg Hume CC-BY-2.5
Alle Bilder S. 158/159 Frank Fox, Alfred Wisser
Alle Bilder S. 160 Ingo Rechenberg
Alle Bilder S. 163 Festo Vertriebs GmbH Esslingen

Rechts: Der Körper des einen halben Zentimeter langen Haselnussbohrers (*Curculio nucum*) besitzt einen extrem langem Rüssel. Das Weibchen bohrt in junge Haselnüsse ein Loch und „injiziert" danach – ebenfalls mit dem Rüssel – wie ein Chirurg ein bis zwei Eier.